OTA
WISCONSIN
MICH
ILL
IND
OHIO
MISSOURI
KENTUCKY
ARKANSAS
TENNESSEE
MISS
ALABAMA
GEORGIA
LOUISIANA
FLORIDA
S CAR
N CAR
VA
W VA
MD
DEL
NEW JERSEY
PENNSYLVANIA
NEW YORK
VT
NH
MAINE
MASS
CONN
RI
25
26
13 ARCHES NATIONAL PARK
12 BRYCE CANYON NATIONAL PARK
22 CHACO CANYON NATIONAL MONUMENT
10 DEATH VALLEY NATIONAL MONUMENT
5 DEVILS TOWER NATIONAL MONUMENT
6 DINOSAUR NATIONAL MONUMENT
26 EVERGLADES NATIONAL PARK
28 GLACIER BAY NATIONAL MONUMENT
18 GRAND CANYON NATIONAL PARK
4 GRAND TETON NATIONAL PARK
14 GREAT SAND DUNES NATIONAL MONUMENT
29 HAWAII VOLCANOES NATIONAL PARK
19 JOSHUA TREE NATIONAL MONUMENT
7 LASSEN VOLCANIC NATIONAL PARK
15 MESA VERDE NATIONAL PARK
20 METEOR CRATER NATIONAL NATURAL LANDMARK
16 MONUMENT VALLEY NAVAJO TRIBAL PARK
27 MOUNT MCKINLEY NATIONAL PARK
2 MOUNT RAINIER NATIONAL PARK
25 NIAGARA FALLS
1 OLYMPIC NATIONAL PARK
21 PETRIFIED FOREST NATIONAL PARK
17 RAINBOW BRIDGE NATIONAL MONUMENT
23 SAGUARO NATIONAL MONUMENT
9 SEQUOIA AND KINGS CANYON NATIONAL PARKS
24 WHITE SANDS NATIONAL MONUMENT
3 YELLOWSTONE NATIONAL PARK
8 YOSEMITE NATIONAL PARK
11 ZION NATIONAL PARK

Horst und Anke Kaufmann

Nationalparks und Monuments der USA

Für Ilse Rodgers,
die liebste Tante von Helmut,
mit den besten Wünschen,
Anke Kaufmann

Schramberg, im April 1990

List

Umschlagentwurf: Design Team, München

ISBN 3-471-77954-X

1985 · 11.–15. Tausend

Printed in Germany
Reproduktion: Repro Ludwig, Zell am See
Druck: Wenschow-Franzis-Druck GmbH, München
Bindearbeit: Conzella, München

Inhalt

Den Rangers der
Amerikanischen Naturschutzgebiete

Vorwort

Millionenstädte, Wolkenkratzer, Highways, Hollywood, Westernfilme, Walt Disneyland, Rocky Mountains, Prärien, Raumfahrt, Öl, Cowboys, Steaks und harte Dollars – solche Schlagworte bestimmten auch unsere Vorstellungen von den USA. Sechs Jahre, von 1971 bis 1977, arbeiteten wir im Auftrag der Vereinten Nationen in Süd- und Mittelamerika, bereisten die Länder, lernten die Menschen und ihre Probleme hautnah kennen. Als der Rückruf nach Deutschland kam, wurde der Wunsch in uns wach, auch mit Nordamerika, dem Land und seinen Leuten vertraut zu werden.

Wir wollten die Gelegenheit nutzen, um mit unserem eigenen PKW die Staaten zu bereisen. Die Planung der Reise war gar nicht so einfach; je mehr wir uns mit dem Land befaßten, umso neugieriger wurden wir.

Gigantische Entfernungen mußten wir bewältigen und dabei immer die Geschwindigkeitsbegrenzung von 55 Meilen pro Stunde (88 km/Std.) beachten. Unsere erste Reise dauerte rund 3 Monate, fast 15000 km legten wir zurück. Das reichte nicht aus. Das Land hatte uns gepackt. Besonders die Nationalparks und National Monuments faszinierten uns so sehr, daß weitere Reisen folgten, diesmal von Europa aus. Größere Strecken legten wir nun mit dem Flugzeug zurück. Für kürzere Aufenthalte mieteten wir uns jeweils einen PKW, für längere Rundreisen im Westen des Landes einen Campingwagen, um die Naturschutzgebiete erreichen zu können.

Wir haben versucht, eine Reihe der sehenswertesten Nationalparks und National Monuments in diesem Buch aufzuzeigen. Man vermutet kaum, wie vielfältig die amerikanische Landschaft ist: unendliche Wälder und hohe Gebirgsmassive, einsame Küsten und ungezähmte Flüsse, tropische Sümpfe und weite Wüsten, lebendige Vulkanlandschaften und ins Meer kalbende Gletscher, Reste prähistorischer Kulturen und Spuren aus dem Weltall, Dinosaurierfriedhöfe und versteinerte Wälder, Canyonlandschaften, die Einblicke in die Erdgeschichte gewähren. Dazu eine einzigartige Flora und Fauna mit 3000 Jahre alten Riesenmammutbäumen, Riesensäulenkakteen, dichten Mangrovenwäldern, Tundren, Regenwäldern, Bären, Bisons, Elchen, Karibus, Wölfen, Präriehunden, Alligatoren, Walen, Robben, Adlern, Reihern, Schlangen, um nur einige zu nennen, – das sind die amerikanischen Naturschutzgebiete. Und die Amerikaner sind sehr stolz auf ihre Parks. Der Naturschutzgedanke ist bei ihnen tief verwurzelt. Der erste Nationalpark, der Yellowstone Park, wurde schon 1872 gegründet.

National Parks und National Monuments unterscheiden sich nur wenig. Beide schützen charakteristische Landschaften vor den Eingriffen der Zivilisation. Der Unterschied liegt hauptsächlich im jeweiligen Status: ein National Park wird durch Beschluß des Amerikanischen Kongresses und des Präsidenten gegründet, ein National Monument dagegen nur durch Beschluß des Amerikanischen Präsidenten. Die Präsidenten der USA können auf diese Weise einzigartige Gebiete schneller vor dem Zugriff des Menschen bewahren. Ein National Monument kann ohne weiteres später zum National Park erklärt werden.

Ranger zu sein ist ein begehrter Beruf in den USA. Sie stehen im Dienste des Staates und müssen ein Universitätsstudium von mindestens vier Jahren vorweisen. Sie sind die Kenner und Betreuer der Naturschutzgebiete, sind freundliche Helfer und stehen mit ihrem Fachwissen jedem Besucher zur Verfügung. Die Nationalparks und Monuments haben hervorragende Visitor-Centers. Hier kann sich der Besucher eingehend informieren. Oft sind ausgezeichnete Ausstellungen und kleine Museen angegliedert. Die Naturschutzgebiete sind so erschlossen, daß man ihre Sehenswürdigkeiten sehr gut erreichen kann. Abseits der Hauptrouten führen Wander- und Reitwege in eine unberührte Wildnis. Wegen der oft unwegsamen Wildnis und auch Gefahren sollte man grundsätzlich vor diesen Touren Auskunft und Rat bei einem Ranger einholen. Nationalparks und fast alle Monuments haben sehr schöne Campingplätze, die meisten auch gute Hotels.

Zur Zeit (1980) gibt es 41 Nationalparks und 90 National Monuments. Davon haben wir 30 Naturschutzgebiete für unser Buch ausgesucht: 17 Nationalparks, 10 National Monuments und, wegen ihrer Außergewöhnlichkeit, 3 weitere Gebiete, Niagara Falls, Monument Valley Navajo Tribal Park und Meteor Crater National Natural Landmark. Aus einer Fülle von Fotos entstand dieser Bildband, der anregen, informieren, zum Reisen verführen und Erinnerungen erhalten soll. Uns selbst wird dieses großartige Land noch oft in seinen Bann ziehen.

Arches
National Park

Lage:
Im Osten des Bundesstaates Utah; auf dem Colorado Plateau

Größe:
297 qkm

Gründung:
Seit 1929 National Monument, seit 1971 National Park

Hauptsehenswürdigkeit:
Rotbraune Sandsteinbogen

Eine steile, kurvenreiche Paßstraße führt den Besucher durch einen mächtigen, rostroten Canyon. Auf der Höhe angelangt, zieht sie im weiteren Verlauf durch versteinerte, hellfarbige Sanddünen, bis sie schließlich die kühnen Bauwerke der Natur, die diesen Park auszeichnen, erreicht. Die Felsgebilde scheinen oft gegen die Gesetze der Statik zu verstoßen. Verwitterung und Erosion haben etwa 90 Sandsteinbogen, dazu eine Fülle von kleinen und großen Fenstern, hohen Pfeilern, schwungvollen Wölbungen und bizarren Felsnadeln aus dem rötlichen Sandstein herausgearbeitet.

Wie entstanden diese Bogen?
Vor etwa 150 Millionen Jahren, im Mesozoikum, baute sich Sand in verschiedenen Ablagerungen zu einer etwa 100 m dicken Schicht auf. Diese wurde nach und nach durch den Druck darüberliegender Erdmassen, die aber im Laufe der Zeit wieder abgetragen wurden, zu Sandstein verhärtet. Einsikkerndes Eisenoxid verband die einzelnen Sandkörner miteinander und gab dem *Entrada Sandstone* seine auffallend rote Farbe.
Unter dem Entrada Sandstone liegt der hellbeige *Navajo Sandstone,* aus dem die versteinerten Sanddünen bestehen. Durch innere Erdkräfte wurde der Sandstein auf einer großen Fläche mit etwa 50 km Ausdehnung angehoben und formte einen riesigen Schild. Später sank der Kamm dieses Schildes ein und bildete eine Mulde. Wasser drang in Risse und Spalten des Sandsteins und löste mancherorts die Bindemittel, wodurch den einzelnen Sandkörnern der Halt genommen wurde. Wenn das Wasser zu Eis gefror, sprengte es bei seiner Ausdehnung Felsteile ab. Wind und Wasser trugen das verwitterte Material fort, und es entstanden vertikale Rippen. Die Abstände zwischen ihnen wurden im Laufe der Zeit immer breiter, viele verschwanden. In den verbleibenden schmalen Wänden griffen Verwitterung und Erosion die weicheren Schichten besonders stark an, bis Löcher entstanden, die sich zu immer größeren Toren ausformten. Schließlich blieben nach Jahrtausenden nur noch die härtesten Gesteine übrig, die heute als steinerne Bogen und Fenster die wüstenhafte Landschaft des Arches National Park schmücken. Nach Meinung der Geologen benötigte die Natur mindestens 70 000 Jahre, um den berühmten *Delicate Arch* zu formen. Die *Landscape Arch* im *Devils Garden* soll mit 89 m Spannweite, 30 m Höhe und 2 m Stärke der längste bekannte Natursteinbogen der Erde sein.
Die zahlreichen, vielseitig geformten Bogen gaben dem Nationalpark seinen Namen, *Arches.*
Der Park liegt 1200 m bis 1700 m hoch und wird durch eine Fahrstraße erschlossen; Fußwege führen unmittelbar an die verschiedenen Steinbogen und anderen Felsformationen heran.

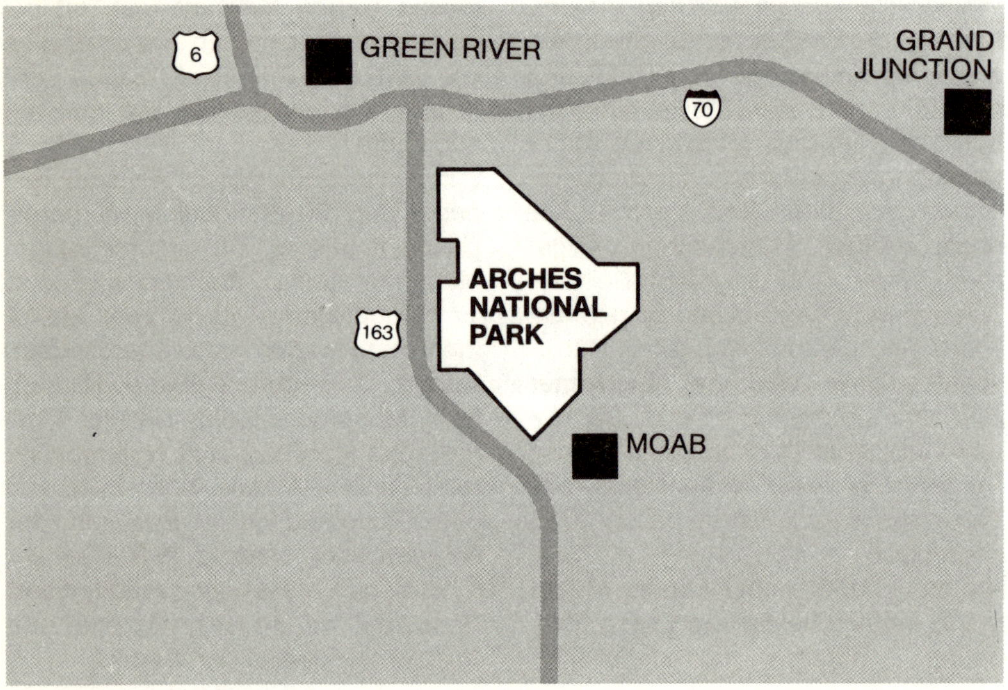

9 *Delicate Arch* ist der berühmteste Bogen des Parks. Seine Öffnung ist 13,70 m hoch und 10 m breit. Die dünnste Stelle seines linken Pfeilers beträgt nur 1,50 m. Im Hintergrund erhebt sich die Schneekulisse der La Sal Mountains.

10 *Landscape Arch.* Mit 89 m Spannweite, 30 m Höhe und 2 m Stärke soll er der längste Natursteinbogen der Erde sein.

11 *Balanced Rock.* Das Gestein des balancierenden Felsens ist der rote Entrada Sandstone.

Bryce Canyon
National Park

Lage:
Im Süden des Bundesstaates Utah; am östlichen Rand des Paunsaugunt Plateaus

Größe:
145 qkm

Gründung:
Seit 1923 National Monument, seit 1928 National Park

Hauptsehenswürdigkeit:
Farbiger, filigrangeformter Canyon

Am *Sunset Point* geht die Sonne unter. Wenn man am Rande des Canyons steht, zeigt die Natur ein unvergeßliches Schauspiel der Farben und Formen. Die Sonne umrahmt in weichem Gegenlicht die unzähligen Zinnen, Pfeiler und Spitztürmchen, und im Wechselspiel von Licht und Schatten verändern sich die Farben von Minute zu Minute. Da schimmern cremeweiße Spitzen, leuchten lachsrosa Schlünde, erstrahlen purpurrote Felsskulpturen, und Tausende dicht beieinander stehende Säulen, Wände und Türme zaubern die Szenerie des Naturamphitheaters *Bryce Canyon.*
Das Kaleidoskop der Farben hat eine leicht erklärbare Ursache: die Minerale der Erdrinde. Eisenoxide in verschiedener Konzentration und Zusammensetzung färben in gelben, rosa, roten und braunen Tönen; Mangan zeichnet lavendel und purpur, Kupfer grün. Dort, wo die Natur keine Minerale eingebettet hat, leuchtet das natürliche Weiß des Kalksteins. Aber auch er ist an vielen Stellen von einem farbigen Überzug bedeckt, der von darüberliegenden Schichten herrührt.
Bryce Canyon wurde nicht von einem Fluß geschaffen. Er ist der Rand eines Plateaus, der durch Verwitterung und Erosion zu halbrunden, schüsselartigen Becken geformt wurde. Die Gesteinsschichten des Bryce Canyon wurden im Känozoikum, das vor etwa 60 Millionen Jahren begann, abgelagert. Sie gehören geologisch zur jüngsten Formation, die man heute in dem ganzen Gebiet antrifft und sind weder im Grand Canyon noch im Zion Canyon zu finden. Damals hatte sich das Meer zurückgezogen, und während des ganzen Känozoikums lag das gesamte Gebiet über dem Meeresspiegel. Berge wurden aufgefaltet und Süßwasserseen entstanden. Verwitterung und Erosion arbeiteten an den Gebirgen, und die Flüsse trugen das Erdreich in die Seen, bis eine etwa 600 m dicke, überwiegend aus Kalkstein und Mergel bestehende Schicht abgelagert war, die wir heute *Wasatch-* oder *Claron-*Formation nennen. Im Laufe der Zeit wurde diese Schicht zum Teil wieder abgetragen, so daß sie heute nur noch 250 m bis 400 m dick ist. In ihr liegt der heutige Bryce Canyon.
Im Laufe der Jahrmillionen wurde das ganze Gebiet, rund 340 000 qkm, langsam angehoben, bis es schließlich an einigen Stellen 3 000 m über dem Meer lag. Dabei entstand ein so großer Druck, daß die Erde in sieben einzelne Plateaus zerbrach. Die Bruchlinien wurden im Laufe der Zeit zu Tälern ausgewaschen. Die Plateaus erhielten Namen, und so liegt der heutige Bryce Canyon am östlichen Rand des *Paunsaugunt-Plateaus.*

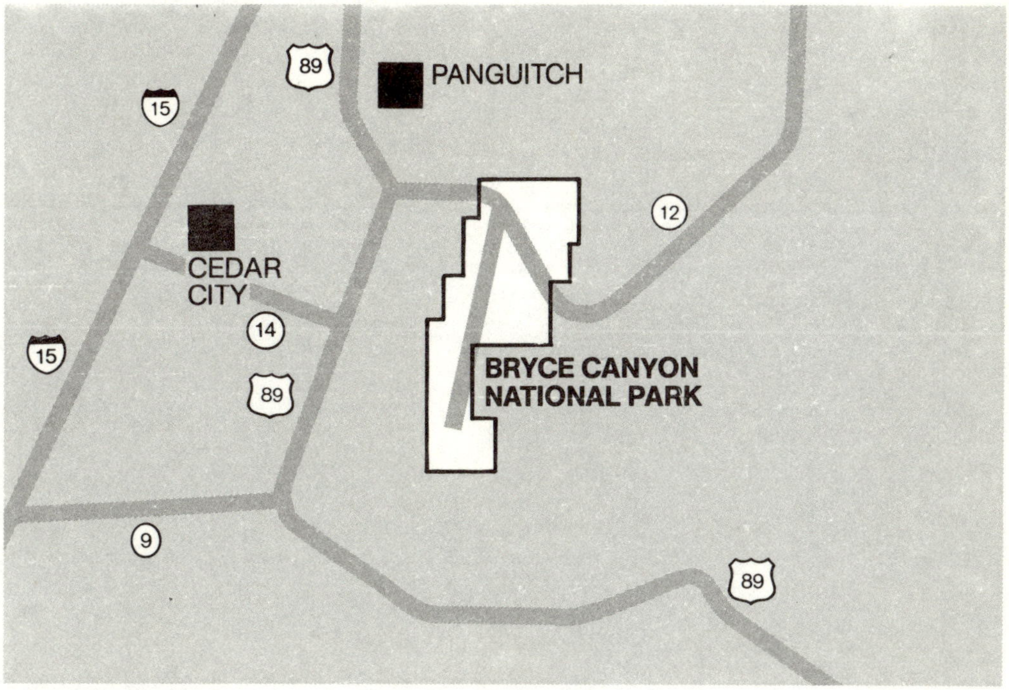

12 Blick vom *Upper Inspiration Point.* Tausende dicht nebeneinander stehende Säulen, Wände und Türme zaubern die märchenhafte Szenerie des Naturamphitheaters Bryce Canyon.

Die vielen bizarren Gesteinsformen im Bryce Canyon entstehen einmal, weil in stetem Wechsel weiche Mergel- und etwas härtere Kalksteinschichten übereinander gelagert und außerdem harte Schiefer und Sandsteine eingebettet sind, die unterschiedlich schnell verwittern und abgetragen werden. Als das Gebiet angehoben wurde, entstanden zum anderen kleinere, feine, fast geradlinige Risse, die eine schnelle Verwitterung und Erosion fördern und so bei der Gestaltung der feinen Gesteinsformen mithelfen. Von großer Bedeutung ist dabei die thermische Verwitterung. Die extremen Unterschiede der Tag- und Nachttemperaturen bewirken, daß sich das Gestein besonders intensiv ausdehnt und zusammenzieht, sich lockert, zerfällt und schließlich von Wind und Wasser fortgetragen wird. Auch heute wirken die Naturkräfte im Bryce Canyon so stark, daß die obere Kante des Plateaus in einhundert Jahren um etwa einen halben Meter zurückweicht.

Die ständige Erosion und die steilen Hänge lassen kaum Pflanzenwuchs aufkommen, nur hier und dort findet man vereinzelte Büsche und Nadelbäume. Am Fuße des Erosionsbeckens und auf dem Plateau gedeihen schüttere Nadelwälder, in denen einige Vogelarten nisten. Rotwild, selten Pumas, Füchse, Dachse und Stachelschweine, die mit 30000 Stacheln in ihrem Fell bewaffnet sind, leben in diesem Gebiet. Murmeltiere und Eichhörnchen, darunter das nordamerikanische längs gestreifte Eichhörnchen, sieht man sehr oft an den Aussichtspunkten des Parks.
Bryce Canyon ist eine der ungewöhnlichsten und eindrucksvollsten Erosionslandschaften Amerikas. Er erstreckt sich auf einer Fläche von etwa 2 km Länge und 500 m Breite und liegt in einer Höhe von 2450 m bis 2750 m. Seinen Namen erhielt Bryce Canyon nach dem Mormonen *Ebenezar Bryce*, der einer der ersten Siedler war und sich 1874 hier niederließ.

Auf einer gut ausgebauten Autostraße erreicht der Besucher alle Aussichtspunkte des Nationalparks; aber auch mehrere Fußwege führen in den Canyon hinein. Der *Navajo Loop Trail* und der *Peekaboo Loop Trail* (zusammen 4–5 Std.) sowie der *Queens Garden Trail* (1 1/2 Std.) sind spektakuläre Wanderungen. Wer nur über wenig Zeit verfügt, sollte *Bryce Point*, *Para View*, *Sunset Point* und *Upper Inspiration Point* nicht versäumen.

15 Am *Peekaboo Loop Trail.* Eisenoxide färben das natürliche Weiß des Kalksteins zu einem intensiven Rot.

16 Der *Navajo Loop Trail,* ein herrlicher Wanderweg, beginnt am Sunset Point. Am Anfang schlängelt er sich durch diese enge tiefe Schlucht. Er führt den Wanderer zu spektakulären Aussichtspunkten.

18 *Wall of Windows.* Drei Fenster schmücken die Wand, zu der man auf dem Peekaboo Loop Trail gelangt.

20 *Paria View.* Die Wasatch- oder Claron-Formation, in welcher Bryce Canyon liegt, ist eine heute nur noch 250 m bis 400 m dicke Schicht aus Kalkstein und Mergeln.

21 Blick vom *Upper Inspiration Point.* Wenn die Sonne aufgeht, zeigt die Natur ein unvergeßliches Schauspiel der Farben und Formen. Verwitterung und Erosion haben diese Landschaft geschaffen.

Chaco Canyon
National Monument

Lage:
Im Nordwesten des Bundesstaates New Mexico

Größe:
87 qkm

Gründung:
Seit 1907 National Monument

Hauptsehenswürdigkeit:
Prähistorische Ruinenstätten

Um die altindianischen Ruinenstätten im *Chaco Canyon* zu erreichen, muß man die letzten 57 km auf einer schmalen, sandigen Piste zurücklegen. Nur langsam kommt man voran, die steppenartige Landschaft ist eintönig. Das ändert sich abrupt, wenn man in den Chaco Canyon (1 900 m ü. d. M.) hineinfährt. An seinen Seiten erheben sich senkrechte, zerklüftete Canyonwände, und in der Ferne ragt der *Fajada Butte*, ein hoher Felsturm, empor. Die ersten Ruinenstätten sieht man dicht an die Canyonwände geschmiegt, in den Farben fast ineinander verschmelzend.
Viele Jahrhunderte, von der Zeitenwende bis etwa 1 200 n. Chr., lebten hier Menschen, die man heute die *Anasazi* nennt. Navajo Indianer, die sich im Chaco Canyon ansiedelten, als die Anasazi schon längst ihre Städte verlassen hatten, gaben ihnen diesen Namen; er bedeutet: *Die Alten*.
Um die Entwicklungsstufen der Anasazi-Kultur, die sich auf den ganzen Südwesten ausdehnte, besser erklären zu können, ordneten die Archäologen sie in verschiedene Zeitgruppen. Eine heute oft gewählte Klassifikation ist die *Roberts Einteilung:*

1 – 450 n. Chr.	Basketmaker
450 – 750 n. Chr.	Modified Basketmaker
750 – 1 100 n. Chr.	Developmental Pueblo
1 100 – 1 300 n. Chr.	Great Pueblo
1 300 – 1 600 n. Chr.	Regressive Pueblo
1 600 – heute	Historic Pueblo

Basketmaker
Korbmacher nennt man die frühen Anasazi, weil sie hervorragende Korbarbeiten herstellten; die Töpferei kannten diese Halbnomaden und Jäger noch nicht.

Modified Basketmaker
Neben der Korbarbeit entwickelte sich die Töpferei. Die Anasazi wurden seßhaft, betrieben Ackerbau und wohnten in halb unterirdischen Räumen.

Developmental Pueblo
Aus dem halb unterirdischen Grubenhaus entwickelte sich die oberirdische Pueblo-Bauart. Der runde Kiva – die Kultstätte der Anasazi wurde jedoch unterirdisch errichtet. Man verarbeitete Baumwolle, der Handel weitete sich aus.

Great Pueblo
Die Anasazi-Kultur erlebte ihre Blütezeit. Mehrstöckige Wohnhäuser und kleinere Städte entstanden. Die Töpferei entwickelte sich zu einer hohen Kunst. Um 1 200 n. Chr. verließen die Anasazi den Chaco Canyon und um 1 300 n. Chr. auch das umliegende Gebiet, z. B. Mesa Verde.

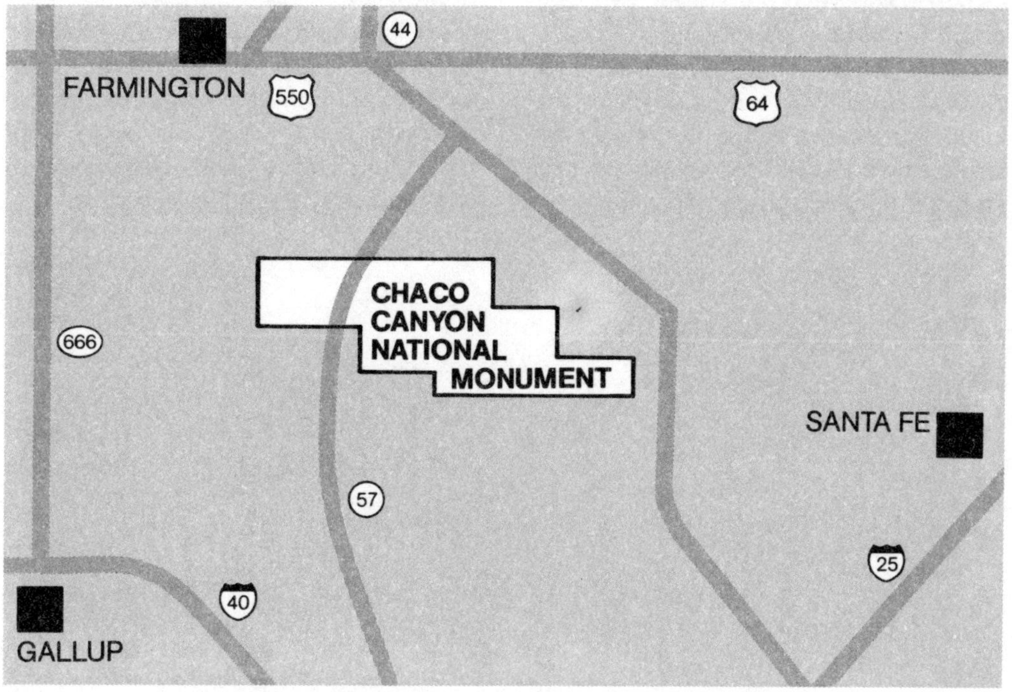

22 *Pueblo Bonito.* Die Anasazi-Kultur erlebte im Chaco Canyon ihre Blütezeit um 1030 bis 1150 n. Chr. In dieser Zeit wohnte die höhere Gesellschaft überwiegend in rechteckigen und mehrstöckigen Häusern.

Regressive Pueblo und *Historic Pueblo*

Diese beiden Phasen sind für die Entwicklung der Anasazi unbedeutend. Die Kultur ging zugrunde. Reste der damaligen Kultur sind heute noch, z. B. in der Töpferkunst und im Kiva-Kult, wenn auch in abgeschwächter Form, zu finden.

Etwa 15000 Menschen lebten zwischen 1030 und 1150 n. Chr. im Chaco Canyon. Sie bewohnten mehr als 1500 Wohnstätten, von denen 16 den Umfang kleinerer Städte hatten. Damals war das Klima in dieser Region günstiger, und der Boden war fruchtbarer. Die Grundrisse der größeren Städte (Pueblos) hatten meistens die Form eines E oder D. Man kann sie teilweise noch sehr gut erkennen. *Pueblo Bonito*, die interessanteste und größte Ruinenstadt, weist den charakteristischen D-Grundriß auf. Archäologen schließen aus Baumringdatierungen und zahlreichen Funden, daß in den größeren Pueblos die höhere Gesellschaft wohnte, während in den kleineren, schlichteren und ebenerdigen Pueblos die einfachere Bevölkerung lebte. In den größeren Pueblos fand man zahlreiche Schmuckstücke, z. B. in Pueblo Bonito eine Zeremonien-Halskette aus 2500 Türkisstückchen, in den kleineren hingegen nur Handwerkszeug und Gegenstände des täglichen Bedarfs.

Damals lebten in Pueblo Bonito, der größten Stadt im Chaco Canyon, etwa 1000 Menschen in fast 800 Räumen, die überwiegend in rechteckigen und mehrstöckigen, manchmal sogar vier- bis fünfstöckigen Häusern angeordnet waren. Zwischen den Wohngebäuden befanden sich zahlreiche kleinere und größere Kivas – runde Kultstätten –, die geschlossene Dächer trugen. Die damaligen Bewohner besaßen bereits Anlagen, um Regenwasser aufzufangen, und ein gut ausgebautes Straßen- und Wegenetz. Sie unterhielten Kontakte zu anderen Siedlungsgemeinschaften der Anasazi-Kultur, hatten aber auch Berührung mit fremden Kulturen, wie Fundgegenstände beweisen. Aus bis heute nicht geklärten Gründen verließen die Bewohner des Chaco Canyon um 1200 n. Chr. ihre hoch entwickelten Städte.

Ob eine jahrelang anhaltende Trockenheit oder eindringende Feinde sie dazu bewogen haben, konnte bis heute nicht erforscht werden. Fest steht, daß zur damaligen Zeit ein Klimawechsel stattgefunden hat. Schwere Regenfälle führten zu Überschwemmungen und trugen die fruchtbare Erde teilweise fort; eine allmähliche Versalzung der Felder war die verheerende Folge. Das rigorose Abholzen der Wälder beschleunigte die Erosion.

Der Name des Chaco Canyon geht auf die Sprache der Navajos zurück. Sie nannten es *tse koh*, was *Rock Canyon* oder *Felsenschlucht* bedeutet.

Die Ruinenstätten sind zum Teil sehr gut erhalten. Besonders *Pueblo Bonito* vermittelt einen umfassenden und lebendigen Eindruck von der damaligen Anlage einer größeren Stadt und der Konstruktion der einzelnen Gebäude. Aber auch *Chettro Kettle* und *Casa Rinconada* sind sehenswerte Ruinenstätten der Anasazi-Kultur.

25 Mauerwerk aus unterschiedlichen Zeitepochen, aufgenommen in der Ruinenstätte Chettro Kettle; Keramikkrug.
oben links: *Slab*, das jüngste Mauerwerk.
oben rechts: *Banded*, die Zeitepoche vor Slab.
unten links: *Chinked*, die Zeit vor Banded.
unten rechts: *McElmo black-on-white pitcher*, Krug aus der Ausstellung im Visitor-Center. Die Töpferei der Anasazi entwickelte sich zu einer hohen Kunst.

26 In *Pueblo Bonito*, der größten Stadt im Chaco Canyon, lebten zwischen 1030 und 1150 n. Chr. etwa 1000 Menschen in fast 800 Räumen. Zwischen den Wohngebäuden befanden sich zahlreiche Kivas – runde Kultstätten, die geschlossene Dächer trugen.

Death Valley National Monument

Lage:
Im Osten des Bundesstaates Kalifornien, übergreifend auf den Bundesstaat Nevada; im südwestlichen Teil des Great Basin

Größe:
Etwa 8 370 qkm, davon 1 400 qkm unter dem Meeresspiegel

Gründung:
Seit 1933 National Monument

Hauptsehenswürdigkeit:
Eine der heißesten Wüsten der Erde

»Good-bye, Death Valley«, sagte er und blickte zurück ins Tal. Damit wurde der Name für eine der heißesten Wüsten der Erde zum erstenmal ausgesprochen. 1849 kam die Bennett-Arcan-Gruppe, die zu den Goldfeldern Kaliforniens unterwegs war, ganz unfreiwillig hierher, als sie den Weg abkürzen wollte. Das kostete sie ihre Tiere, ihre Wagen und fast ihr Leben. Unter ungeheuren Strapazen und mit letzter Kraft, wobei sie fast verdursteten, gelang es ihnen schließlich, dieser Hölle zu entrinnen. Einer von ihnen, Captain Culverwell, kam im Death Valley um. Auf dem Paß der umliegenden hohen Berge angelangt, soll der Legende nach einer von ihnen gesagt haben: »Leb wohl, Todestal«.

Viele Namen im Death Valley erinnern an den Leidensweg dieser Gruppe, und noch heute gibt der Flugsand hin und wieder Eisenteile ihrer Wagen frei.

Sie waren aber nicht die ersten Menschen im Todestal. Archäologen haben Spuren von vier unterschiedlichen, prähistorischen Kulturen entdeckt, deren älteste, die *Nevares Spring Kultur,* vor etwa 8000 bis 9000 Jahren begann. Zuletzt bewohnten die *Shoshoneans* seit etwa 1000 n. Chr. das Tal und nannten es *Tomesha*, was soviel wie *Flammenboden* bedeutet.

Die jüngste Geschichte von Death Valley war sehr wechselhaft und ist von den abenteuerlichsten Legenden umwoben.

Einer der Männer der Bennett-Arcan-Gruppe, der dem Todestal entrinnen konnte, brachte einem Büchsenmacher ein Stück helles Metall, das er im Death Valley aufgelesen hatte. Dieser sollte damit das verlorengegangene Bleivisier seines Gewehres ersetzen. Der Büchsenmacher erklärte ihm, es sei Silber, und sofort begann ein grosses Rennen und Suchen nach diesem Edelmetall; die Legende »Lost Gunsight Lead« war entstanden.

In den folgenden Jahrzehnten tauchten immer wieder neue Geschichten über Bodenschätze, besonders über Goldfunde auf, und jedesmal setzte ein neuer »run« ein. Kleinere Ortschaften schossen aus dem Boden, verödeten aber genauso schnell wieder. Skrupellose Geschäfte blühten, Kapitalspekulationen waren an der Tagesordnung. In Leadfield erklärte schließlich ein Anbieter: »Man braucht kein Gold, um eine Mine nachzuweisen, es genügen schon ein paar Löcher im Boden«.

Eine ganz andere Geschichte hat das Weiße Gold der Wüste – das Borax. Mehrere Gesellschaften förderten es seit Ende des 19. Jahrhunderts gewinnbringend in verschiedenen Minen. Die *Twenty Mule Teams* transportierten es jahrzehntelang über eine Strekke von 265 km von *Furnace Creek* im

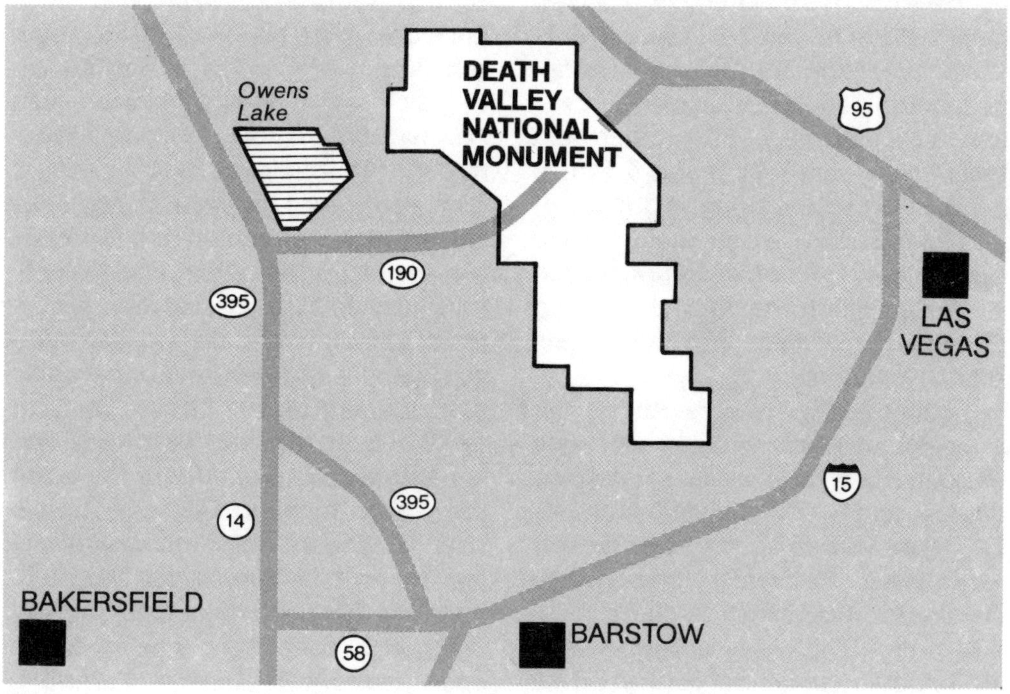

28 Das *Todestal* ist eine der heißesten Wüsten der Erde. Im Jahre 1913 wurden offiziell 56,7° C im Schatten gemessen. Sommertemperaturen von 49° C sind häufig.

Death Valley nach *Mojave* in Kalifornien. Achtzehn Maultiere und zwei Pferde zogen zwei mit Borax beladene Wagen und einen 4500 l fassenden Wasserwagen mit einem Gesamtgewicht von 36½ t bei höchsten Temperaturen über eine äußerst beschwerliche Wegstrecke. Zwei Männer begleiteten diesen Zug. Einer lenkte die 20 Tiere, die besonders ausgesucht und ausgebildet waren, denn enge Kurven und schwierige Teilstrecken bedurften einer speziellen Fahrtechnik. Der andere betätigte die Bremsen des zweiten Wagens und half beim Betreuen der Tiere während der immerhin 10 bis 12 Tage dauernden Fahrt. Am Tag legte der Treck etwa 26 bis 29 km zurück. *Borax-Bill* war einer der besten Fahrer der damaligen Zeit. Nach dem Bau der Eisenbahn wurden diese aufregenden Fahrten eingestellt.

Death Valley übt auch heute noch einen abenteuerlichen Reiz aus. Das Todestal ist eine der heißesten Wüsten der Erde. Eine offizielle Temperaturmessung im Jahre 1913 ergab 56,7°C im Schatten. Nur in Libyen wurde 1936 eine etwas höhere Temperatur von 57,8°C gemessen. Sommertemperaturen von 49°C sind häufig. Death Valley ist über 200 km lang und bis zu 26 km breit. Im Osten wird es von der *Amargosa Range* gesäumt, im Westen von der *Panamint Range* mit dem höchsten Berg im Naturschutzgebiet, dem 3367 m hohen *Telescope Peak.* Über 1400 qkm des Wüstentales liegen unter dem Meeresspiegel. Zwei tiefste Punkte mit je 86 m unter dem Meer finden sich 7,4 km und 5,3 km in nordwestlicher Richtung von *Badwater* (85 m u.d.M.), einem kleinen Salzsee, der trotz der hohen Temperaturen nie austrocknet. Sie sind gleichzeitig die tiefsten Punkte des amerikanischen Kontinents.

Das ganze Becken ist ohne Abfluß. Nur zeitweilig auftretende Flüsse bringen Wasser in das Tal, welches schnell verdunstet und Salz zurückläßt. Mehr als 500 qkm wurden so mit einer dicken, verkrusteten Salzschicht bedeckt. Im *Devils Golf Course* ist die Salzschicht 300 m dick. Die Niederschlagsmenge am Talboden ist äußerst gering und die Verdunstung extrem hoch. Im Jahresdurchschnitt betragen die Niederschläge nur 43 mm, und die potentielle Verdunstung ist neunzigmal höher. – Gebiete, die man als Wüsten bezeichnet, haben hohe Temperaturen, können noch bis zu 250 mm Niederschläge im Jahr aufweisen, und ihre potentielle Verdunstung ist immer höher. Death Valley ist also eine extrem trockene Wüste. Dagegen erhalten die das Tal einrahmenden, hohen Gebirgszüge bis zu 380 mm Niederschläge im Jahr, die im Winter als Schnee fallen. Quellen und einige Wasserläufe sorgen das ganze Jahr über für etwas Wasser und befeuchten wenige Gebiete, z. B. einen Dattelpalmenhain. Über 600 Pflanzenarten wachsen in den vier Klimazonen des Death Valley National Monument. Auch viele Tiere leben in diesem Gebiet, unter ihnen Bighornschafe, Koyoten, Füchse, Dachse, Pumas, Schlangen, Geckos, eine seltene Fischart und zeitweilig sogar Zugvögel. Verwilderte Esel, die aus der Zeit des »runs« auf die Bodenschätze um 1900 stammen, haben sich stark vermehrt und richten große Schäden an. Sie zerstören das empfindliche, natürliche Gleichgewicht der Wüste. Der *National Park Service* beabsichtigt, alle verwilderten Esel aus dem National Monument zu entfernen.

Geologisch ist Death Valley ein junges Tal aus dem Känozoikum, und seine Entwicklung ist bis heute nicht abgeschlossen. Die Gesteinsschichten lassen sich hier bis einschließlich zum Azoikum, das vor mehr als einer Milliarde Jahre endete, zurückverfolgen.

Das beste Klima für einen Besuch des Death Valley herrscht in den Monaten November bis März, wenn die Temperaturen nicht so hoch sind. Interessante Aussichtspunkte, die mit dem Wagen gut erreicht werden können, sind u. a.: *Badwater,* ein kleiner Salzsee; *Devil's Golf Course,* eine dick verkrustete Salzebene; *Artists Drive* mit besonders farbigen Gesteinsoberflächen; *Zabriskie Point* mit ausgeprägten Erosionsformen, besonders kontrastreich bei Sonnenauf- und Sonnenuntergang; *Dante's View,* 1669 m über dem Meer; *Devil's Cornfield,* eine Salzebene, die mit Pfeilkraut (Sagittaria) bewachsen ist; der *Ubehebe Krater* und die hohen *Wanderdünen,* die der Wind zu stetig wechselnden Formen auftürmt.

31 Der Wind türmt die hohen *Wanderdünen* zu stetig wechselnden Formen auf.

32 In der *Salzebene* befinden sich die beiden tiefsten Punkte des amerikanischen Kontinents mit je 86 m unter dem Meer.

33 *Salzkruste* im Devil's Golf Course, beim Kristallisieren hochgedrückt und von Wind und Regen geformt.

34 Mehr als 500 qkm sind von einer dicken, verkrusteten Salzschicht bedeckt. Hier bei *Devil's Golf Course,* des *»Teufels Golfplatz«,* ist die Salzschicht über 300 m dick.

36 *Zabriskie Point* zeigt besonders ausgeprägte Erosionsformen.

38 Im weiten *Dünenfeld des Todestals* läßt die Hitze den Atem stocken.

Devils Tower
National Monument

Lage:
Im Nordosten des Bundesstaates Wyoming

Größe:
5 qkm

Gründung:
Seit 1906 National Monument

Hauptsehenswürdigkeit:
Gewaltiger Vulkanpfropfen

Im Nordosten von Wyoming schuf die Natur ein turmhohes, felsiges Denkmal, den *Devils Tower »Teufelsturm«*. Er ist in Form und Größe so faszinierend, daß Präsident Theodore Roosevelt ihn 1906 zum ersten National Monument der Vereinigten Staaten erklärte und sogar eine Briefmarke sein Abbild trägt. Der 264 m hohe, steil aus der einförmigen Landschaft emporstrebende Felsklotz steht hier als einsame steinerne Landmarke. Besonders auffallend sind die meist fünfkantigen, von seinem Fuß bis zu seinem ebenen Kopf senkrecht aufsteigenden Gesteinssäulen, die diesen Felsturm rundum formen und ihm ein elegantes, geometrisches Muster verleihen. Die Indianer erzählten, ein übergroßer Grizzlybär habe seine scharfen Krallen in die Oberfläche des Felsens geschlagen, um einen Menschen auf dem Gipfel zu erreichen. Dabei sei er immer wieder abgerutscht und habe die Oberfläche des Felsens eingekratzt.
Man nimmt an, daß dieser sonderbar geformte Klotz der Pfropfen eines ehemaligen Vulkans ist. In der Tertiärzeit drang er als glühender, zäher Schmelzfluß aus dem Erdinnern durch den Vulkanschlot empor, durchbrach aber nicht seine Oberfläche, sondern blieb in älteren Schichten sozusagen stekken. Im Laufe der Zeit kühlte er ab, erstarrte und erhärtete. Der Vulkan, der ihn umgab und noch einige hundert Meter höher war als der heute sichtbare Pfropfen, wurde im Laufe der Zeit abgetragen, weil sein Gestein viel weicher war. Nur der äußerst harte Lavapfropfen blieb übrig.
Eine andere geologische Erklärung besagt, daß die Entstehung nicht mit einem Vulkan zusammenhängt, sondern daß sich glühende Magmamassen aus dem Erdinnern in der Nähe der Erdoberfläche ablagerten und in der Form des Devils Towers erstarrten. Die ihn umgebenden, weicheren Erdschichten wurden ebenfalls abgetragen.
In der Nähe des Eingangs zum National Monument lebt eine Kolonie munterer Präriehunde, die hier besonders geschützt werden. Sie bellen fast wie Hunde, sind aber possierliche Erdhörnchen, die in unterirdischen, weit verzweigten Bauten in geselliger Gemeinschaft leben. Die Eingänge ihrer Bauten sind durch Erdwälle gegen eindringendes Wasser geschützt. Ihr natürlicher Lebensraum ist die endlose Weite der Prärie, wo sie sich von den Gräsern ernähren. Wegen ihres lauten, hellen Bellens gaben ihnen die Trapper und Fallensteller den volkstümlichen Namen »Präriehunde«.
Auf einem Rundweg kann man den Devils Tower umwandern. Für Bergsteiger ist er ein kühnes Abenteuer.

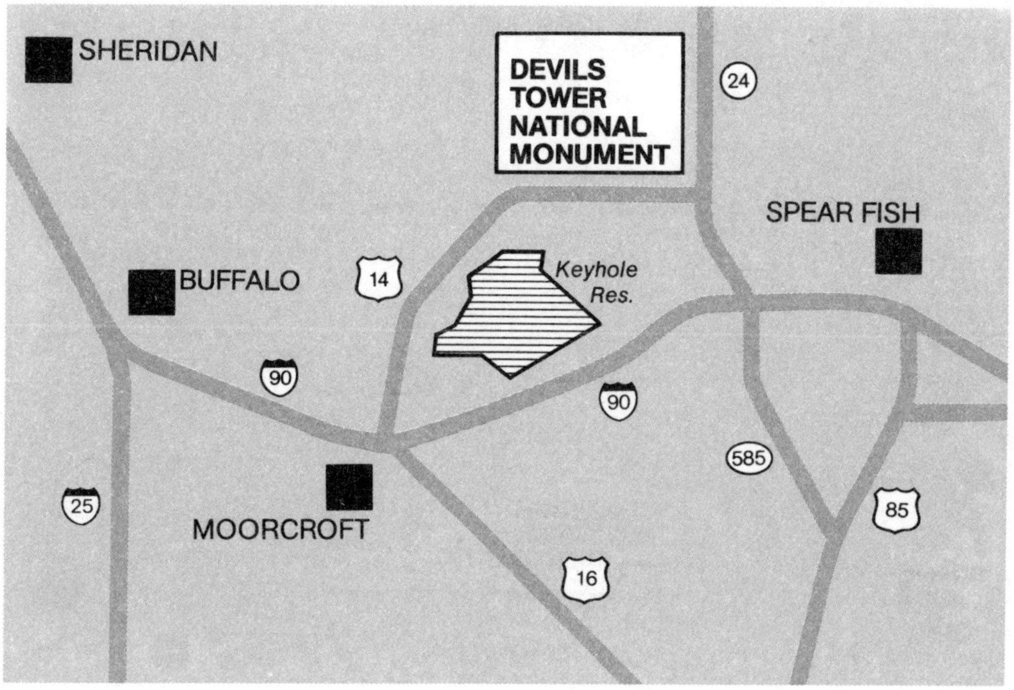

40 Der 264 m hohe *Teufelsturm,* ein erstarrter Vulkanpfropfen, ragt steil aus der einförmigen Landschaft empor. Besonders auffallend sind seine meist fünfkantigen, senkrecht aufsteigenden Gesteinssäulen.

Dinosaur
National Monument

Lage:
Im Nordwesten des Bundesstaates Colorado, übergreifend auf den Bundesstaat Utah

Größe:
Etwa 850 qkm

Gründung:
Seit 1915 National Monument, ursprünglich nur ein kleiner Bereich von 32 ha; 1938 erweitert

Hauptsehenswürdigkeit:
Größter bekannter Dinosaurierfriedhof

Dinosaurier, ungeheuer große, schreckliche Urtiere aus einer Fabelwelt? Sie waren Tiere, welche die Erde im Mesozoikum, das vor etwa 210 Mill. Jahren begann und vor etwa 60 Mill. Jahren endete, beherrschten.
Dinosaurier heißt soviel wie »schreckliche Saurier«. In Körpergröße und Aussehen waren sie außergewöhnlich und ungemein vielgestaltig. Unter ihnen gab es die größten Landbewohner, die je auf Erden lebten. Von den Riesen mit 25 m Länge bis zu den Kleinen, die nur 30 cm maßen, gab es sie in allen Grössen. Sie hatten oft einen langen Schwanz und einen langen Hals, auf dem ein meist kleiner Kopf saß. Ihre ungewöhnlichen Körper waren manchmal mit Stacheln und Hornplatten bedeckt. Manche trugen auf dem Kopf spitze Hörner. Sie waren Landbewohner, die auf zwei oder auf vier Beinen liefen. Die Zweibeiner ernährten sich entweder von Pflanzen oder Fleisch; die Vierbeiner waren meist friedliche Pflanzen- oder Allesfresser. Die Dinosaurier gehörten zu den Kriechtieren und waren Eierleger. Viele von ihnen konnten schwimmen und lebten an Sümpfen und Seen; aber auch Flugsaurier gab es zur damaligen Zeit. Das Klima, in dem sie lebten, war feucht und warm, es wuchs eine fremdartige Vegetation mit Baumfarnen, Schachtelhalmen und hohen Nadelbäumen (u. a. Araucarioxylon). Aus bisher unbekannten Gründen starben die Dinosaurier am Ende des Mesozoikums aus.
Die versteinerten Knochen vieler Dinosaurier kann der Besucher in großer Anzahl im *Quarry Visitor Center* des Dinosaur National Monument bewundern. Man sieht hier, wie die Knochen in der Originalwand des Steinbruchs eingebettet sind und wie sie die Wissenschaftler in mühseliger Feinarbeit herauslösen: nicht das komplette Skelett eines Dinosauriers, sondern eine Unmenge wild durcheinander liegender Knochen, welche die Natur in einer schrägen Sandsteinschicht eingeschlossen hatte. Die Knochen sind etwa 140 Millionen Jahre alt und stammen von Tieren, die mitten im Dinosaurierzeitalter lebten. Damals wurden die Kadaver der Dinosaurier, die in Ufernähe eines Flusses starben, flußabwärts getrieben und an seichten Stellen, z. B. hier an einer Sandbank, abgesetzt. Sie verfaulten, die Gerippe zerfielen, und der Fluß verstreute die Knochen und begrub sie im Sand. Die Knochen, die vom Sand vollständig bedeckt wurden, versteinerten allmählich, indem die organischen Bestandteile durch aus Kieselsäure gebildete Quarzkristalle ersetzt wurden. Erdschichten, die sich darüber ablagerten, wurden im Laufe der Zeit wieder abgetragen und gaben einen der größten *Dinosaurierfriedhöfe* frei.
350 Tonnen Knochen von 14 verschiedenen Dinosaurierarten wurden herausgemeißelt und an große Museen übergeben, wo man sie in mühevoller Arbeit zu ihrer vollen Knochengestalt zusammenfügte.
Außer dem *Dinosaurierfriedhof* bietet das National Monument dem Besucher eine unberührte, eindrucksvolle Landschaft mit interessanten Erosionsformen und mit den tiefen *Canyons* des *Yampa-* und *Green-River.*

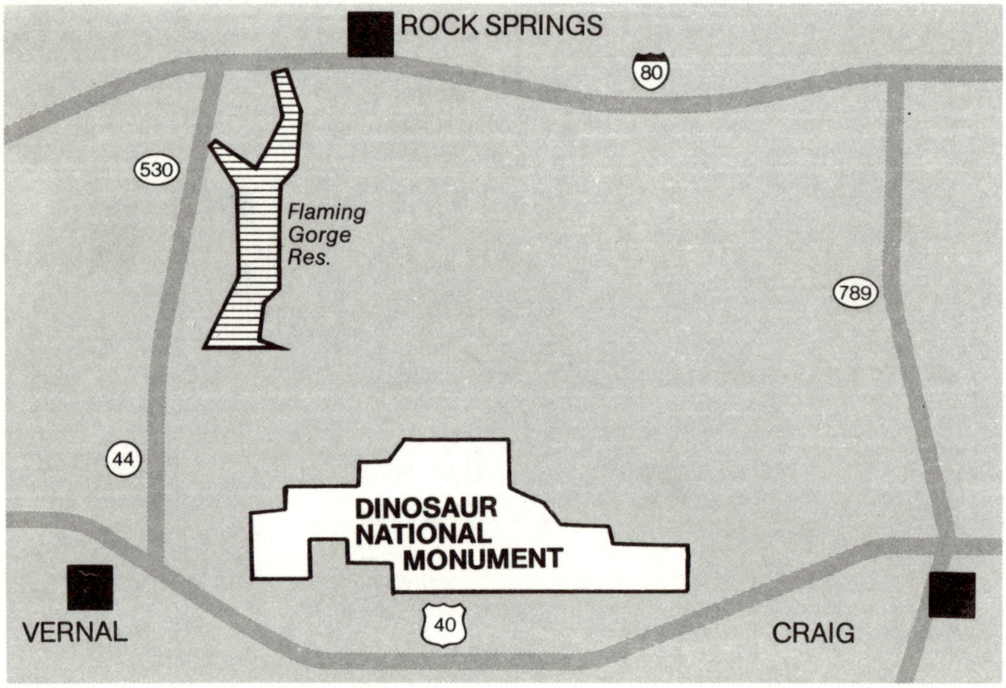

43 140 Mill. Jahre alte, versteinerte *Dinosaurierknochen* werden von Wissenschaftlern aus einer Sandsteinschicht herausgemeißelt. Bisher hat man Knochen von 14 Dinosaurierarten gefunden, die an große Museen übergeben wurden, wo man sie zu ihrer vollen Knochengestalt zusammenfügte.

Everglades National Park

Lage:
Im Süden des Bundesstaates Florida, vom Atlantischen Ozean und vom Golf von Mexico umgeben

Größe:
5 660 qkm

Gründung:
Seit 1947 National Park

Hauptsehenswürdigkeit:
Exotische, tierreiche Sumpflandschaft

Pa-hay-okee »*Grasiges Wasser*« sagten die Indianer, *Everglades* »*Sumpfiges Grasland*« nannten die Weißen dieses Gebiet.
Eine weite, flache, schwer zugängliche Sumpflandschaft, eine exotische, fast unberührte Wildnis mit üppiger subtropischer und tropischer Flora und Fauna – das sind die Everglades. Das Gebiet liegt nur bis zu 3 m über dem Meer. Sein Untergrund besteht aus einem Kalksteinboden, der aus dem Meer hervorkam, als in der letzten Eiszeit sich die Eismassen vergrößerten und das Wasser zurückwich. Er ist bedeckt von Mergeln, kalkhaltigen Tonen, welche die über 1 000 mm hohen Niederschläge, die hauptsächlich im Sommer und Herbst fallen, nicht durchsickern lassen. Die geringe Neigung des Bodens läßt das Wasser nur langsam abfließen. Die Schwankungen des Grundwassers und des Meeresspiegels und der dichte Pflanzenwuchs lassen verschiedene Torfablagerungen entstehen. In der Trockenzeit von November bis April fallen kaum Niederschläge, so daß große Gebiete austrocknen.
Weite Flächen von *Saw Grass*, »Sägegras«, mit kurzen scharfen Zähnchen an seinen Rändern und ausgedehnte Bereiche verschiedenartiger Binsen bilden das Herzstück dieser Sumpf- und Marschlandschaft. Einzelne, flache Erhebungen, *Hammocks* genannt, ragen nur einen knappen Meter aus den weiten baumlosen Sümpfen empor. Es sind dicht bewachsene grüne Inseln, auf denen hohe Mahagonibäume, Zypressen, Palmen und Feigenbäume wachsen. Zahlreiche Epiphyten, wie das spanische Moos und Orchideen, verdecken fast ihre Wirtsbäume.
Der Nationalpark erstreckt sich bis in den äußersten Süden der Halbinsel von Florida. An seiner Küste liegen schmale Buchten und Lagunen, und Tausende Inseln sind ihr vorgelagert. Dort, wo sich Meer- und Süßwasser miteinander vermischen, wachsen die Mangroven und bilden undurchdringliche Sumpfwälder. Mit ihren verzweigten Stelzwurzeln stemmen sie sich gegen die Strömungen des Wassers. Überschüssiges Salz geben sie über ihre Blätter wieder ab. Das klare Süßwasser der Sümpfe, das salzige Meerwasser und das Mischwasser der Mangrovenbereiche bieten mit ihren Kleinstlebewesen, Plankton, Algen und Insekten nahrungsreichen Lebensraum für über 1000 Fischarten und zahlreiche Schalentiere. Diese sind wiederum üppige Nahrung für andere Tiere.
Die Everglades beherbergen eine vielfältige Vogelwelt mit Hunderttausenden von Vögeln: weiße, graue und blaue Reiher, Schlangenhalsvögel, rosarote Löffelreiher, Kormorane, Rallen, Stelzenläufer, Ibisse, weiße und braune

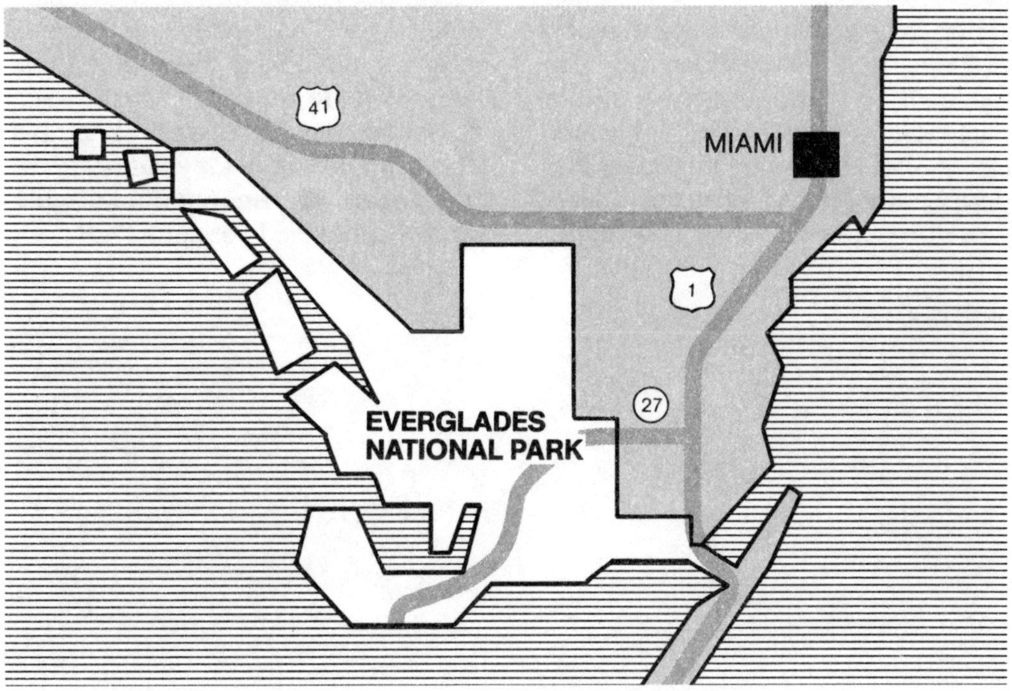

44 Weite Flächen von *saw grass*, *»Sägegras«*, und ausgedehnte Bereiche verschiedenartiger Binsen bilden das Herzstück dieser Sumpf- und Marschlandschaft. Einzelne, flache Erhebungen, *Hammocks* genannt, ragen als dicht bewachsene grüne Inseln nur einen knappen Meter aus den Sümpfen empor.

Pelikane, Störche, Fischadler, Möwen, Enten, Fregattvögel, Seeschwalben und viele Singvögel. Die Vögel sind besonders gut zu beobachten, wenn sie sich während der Trockenzeit in großer Anzahl und mit lautem Spektakel zur Nahrungsaufnahme an den wenigen Wasserstellen versammeln. Auch Fischottern, Wasserschlangen, Schildkröten, Ochsenfrösche, an den Küsten die sehr scheue Seekuh, Rotwild, Bären, Waschbären, Pumas, das Opossum – das einzige Beuteltier der USA –, Schlangen und das selten gewordene amerikanische Krokodil gehören zum Tierparadies der Everglades. Einige tausend Alligatoren liegen träge, scheinbar unbeweglich, an den Uferrändern, reagieren aber blitzschnell, wenn sie gestört werden oder nach Nahrung schnappen. Oft liegen sie an den schlammigen Rändern der nach ihnen benannten *Gater Holes*, Tümpeln, die sie sich in der Trockenzeit graben, bis sich das Wasser in ihnen sammelt. Damit schaffen sie wieder Nahrung und Lebensraum für Mikroben, Insekten, Fische, Vögel und Säugetiere.

Krokodile, Alligatoren und Vögel sind aus der gleichen stammesgeschichtlichen Gruppe wie die Dinosaurier und Flugsaurier hervorgegangen – aus den Stammwurzelzähnern. Während die Vögel aber mit ihren Vorfahren kaum mehr Ähnlichkeit haben, erkennt man in den Krokodilen und Alligatoren ihre Urahnen. Noch vor wenigen Jahrzehnten lebten in den Everglades Hunderttausende Krokodile und Alligatoren. Heute sind es nur noch ein paar hundert Krokodile und ein paar tausend Alligatoren. Der Gedanke ist erschrekkend, daß diese archaischen Tiere, die hundert Millionen Jahre in der freien Natur überleben konnten, für unsere Nachkommen vermutlich nur noch in zoologischen Gärten zu sehen sein werden.

Den Nationalpark durchzieht die 62 km lange *Flamingo Road.* Von ihr führen verschiedene kleinere Abzweigungen mitten in die großartige Tier- und Pflanzenwelt hinein. Besonders lohnend sind der *Gumbo Limbo Trail,* vorbei an tropischen Hartholzbäumen mit Orchideen und Farnen, und der *Ahinga Trail,* der zu Alligatoren, Wasserschlangen, Wasserschildkröten und einer Vielzahl watender Vögel führt. Der *Pahay-okee Overlook*, ein erhöhter Plankenweg mit einer Aussichtsplattform, bietet einen weiten Blick auf das *Shark River Basin*, in dem viele Vögel leben. Die Grenze zwischen Süß- und Meerwasser verläuft in der Höhe des *Paurotis Pond*, wo Mangroven und auch seltene Palmen wachsen. Die Parkstraße endet in der *Flamingo Area.* Hier kann man sich Boote leihen, um Touren in die Wildnis zu unternehmen, z. B. zur *Whitewater Bay* mit ausgedehnten Mangrovensümpfen, zu den unzähligen Kanälen und Inseln der *Florida Bay,* zu den tropischen Buchten von *Cape Sable* und zur *Küstenregion* am Golf von Mexico. Abends werden Bootsfahrten in die flachen Gewässer der Florida Bay zu den Schlafplätzen von Tausenden von Vögeln unternommen. Eine weitere interessante *Wildlife-Rundfahrt* bietet sich im Norden des Nationalparks an. Sie führt zum *Shark Valley Oberservation Tower*, von dem man eine gute Aussicht über die Everglades hat.

47 Wo sich Meer- und Süßwasser miteinander vermischen, wachsen die undurchdringlichen *Mangrovenwälder.* Mit ihren verzweigten Stelzwurzeln stemmen sie sich gegen die Strömungen des Wassers.

48 o In den Zweigen einer Mangrove hat der *Ahinga, »Schlangenhalsvogel«*, sein Nest gebaut und zieht seine Jungen groß.

48 u Ein *Alligator* schwimmt träge durch das sumpfige Wasser der Everglades. Er reagiert aber blitzschnell, wenn er gestört wird oder nach Nahrung schnappt.

49 *Little white heron*, ein *kleiner weißer Reiher.* Üppiges Nahrungsangebot finden Hunderttausende von Vögeln in den sumpfigen Graslandschaften.

50 Ein paar tausend *Alligatoren* leben heute in den Everglades. Noch vor wenigen Jahrzehnten waren es Hunderttausende.

Glacier Bay
National Monument

Lage:
Im Südosten des Bundesstaates Alaska; an der Küste des Pazifiks

Größe:
Rd. 13 580 qkm

Gründung:
Seit 1925 National Monument

Hauptsehenswürdigkeit:
Kalbende Gletscher und eine reiche Tierwelt

Mit dröhnendem Getöse kalben die Gletscher in die blaugrünen Wasser der *Glacier Bay von Alaska.*
Die weißblauen Gletscherzungen werden im Rhythmus der Gezeiten vom Meerwasser solange unterspült und ausgehöhlt, bis haushohe Eisblöcke von den zerklüfteten Gletschern abbrechen, krachend ins Meer stürzen, untertauchen, wieder emporsteigen und hohe Wellen verursachen. So entstehen die Eisberge, die dann nur noch mit einem Zehntel bis zu einem Sechstel ihrer Eismasse aus dem Wasser ragen und ihre lautlose Reise beginnen, auf der sie langsam abschmelzen.
Im Glacier Bay National Monument kann man besonders gut die verschiedenen Entwicklungsstufen der Gletscher beobachten: vorwärts gleitende, fast verweilende und solche, die sich langsam zurückziehen. Sie kommen von den umliegenden, hohen Bergen herab und erreichen mit ihren Gletscherzungen die Wasserkante meist in den seitlich abzweigenden, engen Fjorden. Angetrieben werden sie von ihrem eigenen Gewicht, das sie hinunterdrückt. Die Neigung der Berghänge bestimmt überwiegend ihre Geschwindigkeit. Die meisten Gletscher schieben sich 2 bis 3 cm an einem Tag hinab, einige legen größere Strecken zurück. Schneefälle speisen die zahlreichen Gletscher. Die Schneemassen werden durch Druck und wechselndes Tauen und Gefrieren erst in Firn und dann in Gletschereis umgewandelt. Fällt in den Höhen mehr Schnee als an den Gletscherzungen Eis abschmilzt, wachsen die Gletscher und zerstören die Vegetation. Dort, wo sich die Gletscher zurückziehen, hinterlassen sie glattgeschliffene Felsen, Geröll- und Schuttmassen. Sofort beginnen die Pflanzen, das Land in einer immer gleichen Folge von fünf Abschnitten zurückzuerobern. Jede Pflanze bereitet den Boden für ihre Nachfolgerin vor. Zuerst dehnt sich die *Silberwurz* als dichter, niedriger Teppich aus. Sie ist eine robuste Pflanze, die auf dem kargen und steinigen Boden Wurzeln schlagen kann. Wenn sie abstirbt, hinterläßt sie am Boden Substanzen, welche die Grundlage für die buschigen *Erlen* sind. Sie verdrängen nach und nach die Silberwurz. Im Laufe der Zeit mischen sich hohe *Pappeln* unter die Erlen, die langsam absterben, weil die Pappeln ihnen das Sonnenlicht wegnehmen. Doch auch die Pappeln müssen wiederum den größeren *Sitkafichten* weichen, und auch diese können den Wald nicht auf Dauer beherrschen, denn in ihrem Schatten wachsen schon die *Kanadischen Hemlocktannen* heran.
Noch um 1700 bedeckte eine etwa 900 m dicke Eisschicht die gesamte Glacier Bay. Als sich dann das Klima

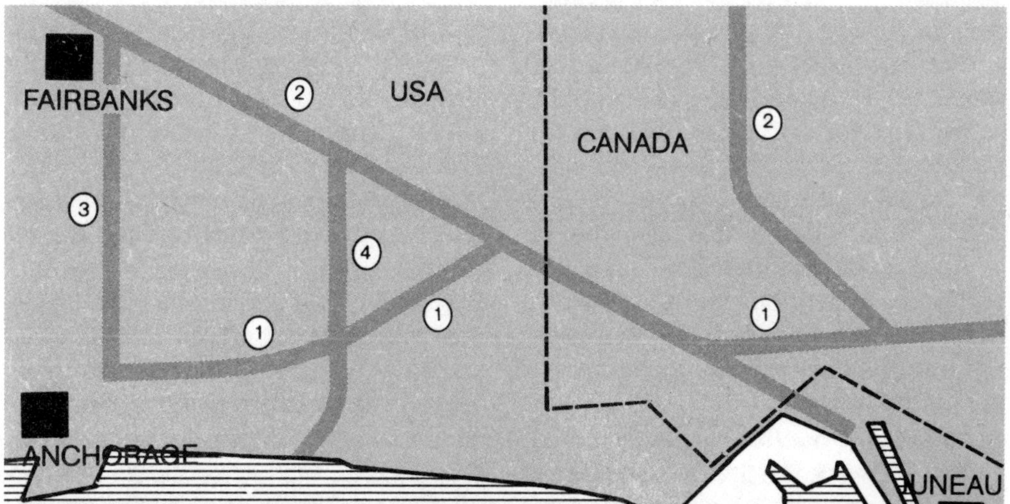

52 *Reid-Gletscher.* Die weißblauen Gletscherzungen werden im Rhythmus der Gezeiten vom Meerwasser solange unterspült, bis haushohe Eisblöcke abbrechen.

erwärmte, begann das Eis zu tauen. Starke Erdbeben beschleunigten vermutlich das Abschmelzen der ungeheuer großen Eismassen.
Heute ist die Glacier Bay eine etwa 80 km lange und 4 bis 16 km breite Bucht, in die 16 Gletscher münden, deren weiße und hellblaue Eiskanten 30 bis 60 m hoch über dem Wasserspiegel aufragen. An den Ufern der Bucht ragen schroffe Berghänge bis zu 2100 m empor; hinter ihnen erhebt sich im Westen der Glacier Bay die Kette der *Fairweather Range*, deren höchster Gipfel der *Mount Fairweather* mit 4663 m ist.
Die Küste ist mit dichten Regennadelwäldern bestanden, Sitkafichten und Hemlocktannen sind mit langen Moosgirlanden bewachsen. Im Jahr fallen hier 1 900 mm Niederschläge und begünstigen das Wachstum der Bäume.
Eine reiche Tierwelt lebt in diesem Gebiet. Auf den kleinen Inseln und an den Küsten nisten Tausende von Vögeln, darunter Kormorane, Lummen, Enten, Möwen und Zwergalken. Besonders auffallend ist der hier häufig vorkommende Weißkopfseeadler, der Wappenvogel der Vereinigten Staaten, mit seinem weißen Kopf und seinem gelben Schnabel. Mit einer Flügelspannweite von 2 m gleitet er geräuschlos dahin. Seehunde, manchmal auch Seelöwen, Tümmler und Wale kann man beobachten. An den steilen Felswänden der Berge klettern die wendigen weißen Schneeziegen. Männliche und weibliche Tiere kann man kaum unterscheiden, denn sie tragen die gleichen glänzenden, spitzen, schwarzen Hörner und den gleichen Kinnbart.
In den Regenwäldern des Monuments leben der Alaska-Braunbär, nach der vor Alaska liegenden Insel Kodiak auch Kodiakbär genannt und der Schwarzbär oder Baribal mit seinen gletscherblauen Verwandten.
Der Alaska-Braunbär gilt als größtes Landraubtier der Erde. Er kann bis zu 3 m groß und bis zu 780 kg schwer werden. Er durchstreift ein Revier, das viele Quadratkilometer umfaßt; Pflanzen, Wildfrüchte, Schnecken, Insektennester mit Honig, Kleinnager, aber auch Aas, Jungtiere und krankes Großwild gehören zu seinem Speiseplan. Als besondere Delikatesse schätzt er die unzähligen Lachse, die zum Ablaichen flußaufwärts ziehen und eine leichte Beute für ihn sind, da er sich als geschickter Fischer erweist. Im Winter zieht sich der Braunbär in eine Fels- oder Erdhöhle zurück, die er sich oft selber gräbt und mit Laub, Moos, Gras und Zweigen auspolstert. Bei normaler Körpertemperatur verfällt er in eine Art Halbschlaf, so daß er jederzeit sein Lager verlassen kann, wenn er sich gestört fühlt. Die Bärin bringt alle 3 Jahre 2 bis 3 Junge zur Welt, die sie liebevoll und wachsam 2 Jahre lang aufzieht und bei Gefahr mutig verteidigt. Braunbären sind nicht immer braun. Ihr Fell kann auch rotgelb, silbergrau und über viele Brauntöne bis zu Schwarz gefärbt sein. In freier Wildbahn können sie 20 bis 30 Jahre alt werden.
Der in Alaska und Nordamerika lebende Schwarzbär oder Baribal ist kleiner und leichter als der Braunbär. Er kann bis zu 1,80 m groß und bis zu 150 kg schwer werden. Schwarzbären sind nicht immer schwarz, ihr Fell kann auch rötlichbraun, schokoladenbraun oder silbergrau sein. Tragen sie ein bläulichweißes Fell, so spricht man vom Gletscher- oder Blaubären. Alle Schwarzbären haben eine zimtfarbene Schnauze, an der man sie gut erkennen kann. Das Profil des Kopfes zeigt einen flachen Stirn- und Nasenansatz, der bei den Braunbären stark konkav ausgeprägt ist. Jedes zweite Jahr bringt die Schwarzbärin 2 bis 3 Junge zur Welt, die mit 2 Monaten tolpatschige, immer zum Spielen aufgelegte Teddys sind. In freier Wildbahn werden die Schwarzbären in der Regel nicht älter als 18 Jahre.
Glacier Bay National Monument ist ein unvergleichliches Stück Natur. Die Lodge in *Bartlett Cove* (die man vorher buchen muß), ist ein guter Ausgangspunkt für Unternehmungen in die Glacier Bay. Man erreicht sie in etwa 20 Minuten Flugzeit von der Hauptstadt Alaskas, Juneau, und nach einer anschließenden, dreiviertelstündigen Busfahrt. Von Bartlett Cove aus fahren Tourenboote durch die Glacier Bay (die man ebenfalls vorher buchen sollte). Unterwegs kann man sich absetzen und später wieder an Bord nehmen lassen. Es werden aber auch Flüge in die unberührte Wildnis angeboten.
Die beste Zeit, die Glacier Bay zu besuchen, liegt zwischen Mitte Mai und Ende September, weil dann das Klima milde ist. Im späten Frühling und frühen Sommer sind die Tage besonders lang, und im Hochsommer können in Bartlett Cove die Temperaturen bis auf 24°C ansteigen.

55 *Riggs-Gletscher* im Muir Inlet. Mit dröhnendem Getöse kalben die Gletscher in die blaugrünen Wasser der Glacier Bay von Alaska.

56 o Die *Thunderbird* tuckert langsam durch das Eiswasser des *Johns Hopkins Inlet.* Im Hintergrund der Johns Hopkins-Gletscher.

56 u Die Eisberge ragen nur mit einem Zehntel bis zu einem Sechstel ihrer Eismasse aus dem Wasser empor. Auf ihrer lautlosen Reise schmelzen sie langsam ab.

57 Der *Hoonah-Gletscher* gleitet steil von den Bergen in das Johns Hopkins Inlet hinab. Die Gletscher werden von ihrem eigenen Gewicht angetrieben. Die Neigung der Berghänge bestimmt überwiegend ihre Geschwindigkeit.

58, 59 *Seehunde* im Johns Hopkins Inlet.

60 *Riggs-Gletscher* im Muir Inlet. Bis zu 60 m hoch sind die weißblauen Eisfronten der gewaltigen Gletscher der Glacier Bay.

Grand Canyon
National Park

Lage:
Im Norden des Bundesstaates Arizona; auf dem Colorado Plateau

Größe:
Rd. 4930 qkm

Gründung:
Seit 1908 National Monument, seit 1919 National Park

Hauptsehenswürdigkeit:
Berühmteste Schlucht der Erde

Grand Canyon, »Große Schlucht«, erweckt wohl bei vielen Menschen Vorstellungen von einem Wunder der Natur. Man hat ihm schon viele Superlative gegeben: großartigster Canyon, farbigster Canyon, wuchtigster Canyon, berühmtester Canyon, geologisch interessantester Canyon, eines der sieben Naturwunder der Erde. Man könnte diese Superlative fortsetzen; alle treffen zu, doch reichen sie nicht aus, den Empfindungen gerecht zu werden, die wohl jeden bewegen, wenn er persönlich am Rande des Grand Canyon steht.

Bis zu 2 Milliarden Jahre Erdgeschichte können wir in den Felsen des Grand Canyon zurückverfolgen. Die Existenz des Menschen auf der Erde begann dagegen erst vor etwa 2 Millionen Jahren, wenn man der Annahme folgt, daß damals der Urmensch in Erscheinung trat. Die Geschichte des Menschen ist seit etwa 6000 Jahren aufgezeichnet, ungefähr 500 Jahre dauert seine geschichtliche Neuzeit, an deren Beginn auch die Entdeckung Amerikas durch Kolumbus 1492 stand, und etwa 80 Jahre währt ein Menschenleben.

Wenn wir diese Zeiträume verkürzt darstellen und so tun, als ob die tiefsten Gesteinsschichten des Grand Canyon nicht 2 Milliarden, sondern erst 1 Jahr alt wären, dann wäre der Ur-

Fünf Abschnitte der Erdgeschichte kann man im Grand Canyon ablesen:

		Anfang	Ende
Azoikum	– Urzeit	ungewiß [1)]	vor etwa 1,2 Milliarden Jahren
Eozoikum	– Frühzeit	vor etwa 1,2 Milliarden Jahren	vor etwa 600 Millionen Jahren
Paläozoikum	– Altertum	vor etwa 600 Millionen Jahren	vor etwa 230 Millionen Jahren
Mesozoikum	– Mittelalter	vor etwa 230 Millionen Jahren	vor etwa 60 Millionen Jahren
Känozoikum	– Neuzeit	vor etwa 60 Millionen Jahren	dauert an

1) im Grand Canyon ergaben Messungen für die Felsbildung – Metamorphose – der **Inneren Schlucht** ein Alter von 1,7 Milliarden Jahren; die ursprünglichen Ablagerungen werden auf 2 Milliarden Jahre geschätzt.

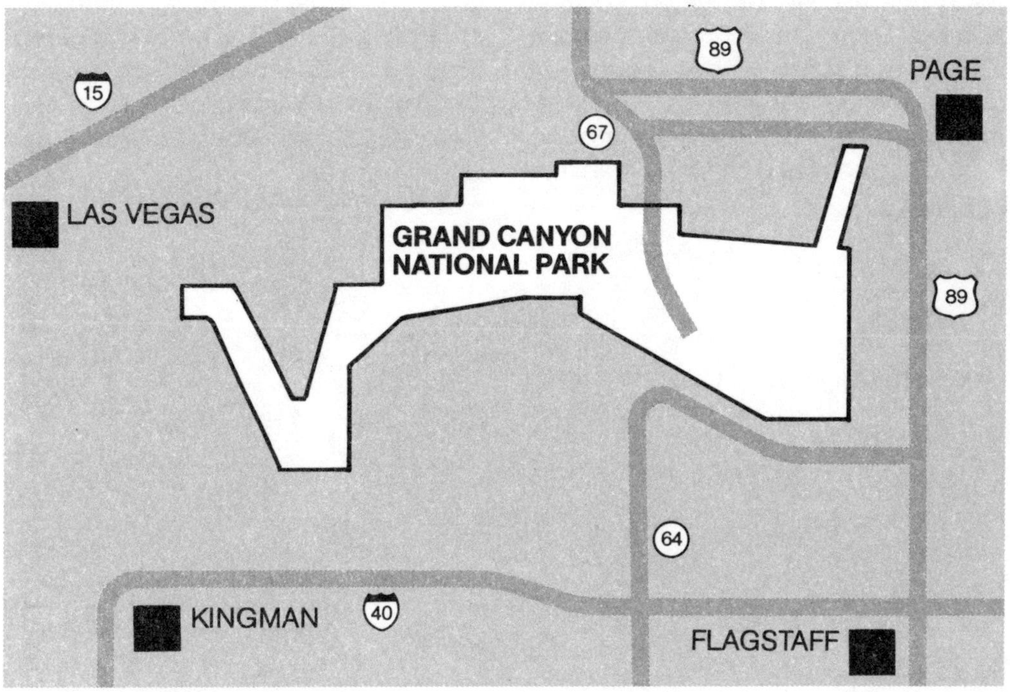

62 Vom *Moran Point* am South Rim erscheint der 1380 m tiefer fließende Colorado River friedlich und klein. Im Laufe der letzten Millionen Jahre sägte er jedoch den Grand Canyon ein.

mensch gerade 4 ½ Stunden auf der Erde, der Mensch würde seine Geschichte seit 1 ½ Minuten aufzeichnen, die geschichtliche Neuzeit mit der Entdeckung Amerikas durch Kolumbus dauerte gerade 8 Sekunden und ein achtzigjähriges Menschenleben würde etwas mehr als 2 Sekunden währen.

Azoikum – Urzeit der Erdgeschichte

Die Gesteinsschichten des Azoikums, die etwa 2 Milliarden Jahre alt sind, findet man in der *Inneren Schlucht* des Grand Canyon, also dort, wo der Colorado River fließt. Es sind dunkle Gneise und Schiefer, durchzogen von rosa Granitadern. Sie erheben sich in senkrechter Anordnung bis zu 460 m über den Fluß. Die ursprünglichen Schichten aus Sedimentgestein lagen früher einmal waagerecht. Durch starke tektonische Kräfte, ungeheure Hitze und großen Druck wurden sie in die senkrechte Lage gebracht und zu den dunklen Gneisen und Schiefern umgebildet (Metamorphose). Die rosa Granitadern entstanden durch flüssiges Gestein, das aus dem Erdinnern in diese Gneise und Schiefer hochdrang, dann abkühlte und erhärtete.

Eozoikum – Frühzeit der Erdgeschichte

Die Gesteinsschichten des Eozoikums bestehen aus Kalkstein, Sandstein und Schiefer. Ursprünglich lagerten sie sich horizontal ab. Heute zeigen sie eine schräge Lage, die durch tektonische Kräfte verursacht wurde, diesmal jedoch ohne die Mitwirkung von extremer Hitze und Druck. Verwitterung und Erosion trugen die Schichten im Laufe der Zeit immer mehr ab, so daß sie an manchen Stellen gegen Ende des Eozoikums, vor etwa 600 Millionen Jahren, vollkommen verschwunden waren. Heute sind sie nur noch an einigen Punkten zu sehen: am *North Kaibab Trail*, am *South Kaibab Trail* und in der Nähe des *Bright Angel Trail*.

Paläozoikum – Altertum der Erdgeschichte

Der Hauptanteil der heute sichtbaren Wände des Grand Canyon, etwa die oberen zwei Drittel, rd. 1 100 m, sind Formationen des Paläozoikums. Die Gesteinsschichten erkennt man sehr gut an ihrem waagerechten Verlauf. Sie wurden nicht durch innere Erdkräfte in ihrer Lage verändert und versteinerten durch den Druck der über ihnen liegenden Erdmassen, in die Bindemittel eindrangen. Sie variieren in ihrer Dicke zwischen 10 m bis 270 m und bestehen überwiegend aus verschiedenfarbigen Kalksteinen: cremeweißen, gelbgrauen, rosa- bis purpurgrauen, hellgrauen und grauen; aus verschiedenfarbigen Sandsteinen: blaßgelben, gelben, roten und bräunlichen; und aus grüngrauen und rötlichen Schiefern. Eine wahrhaft fein abgestimmte Farbenpalette. Der Aufbau dieser Gesteinsschichten endete vor ungefähr 230 Millionen Jahren mit der Bildung der *Kaibab Schicht*, einer etwa 100 m dikken, cremeweißen Kalksteinablagerung, die zu jener Zeit noch in Meereshöhe lag. Heute befindet sie sich rd. 2 700 m ü. d. M. und bildet an den meisten Stellen den obersten Rand des Grand Canyon.

Mesozoikum – Mittelalter der Erdgeschichte

Aus dieser Zeit sind nur wenige Gesteinsschichten im Grand Canyon erhalten. Einst überlagerte eine 1 000 m bis 2 000 m dicke Schicht die gesamte Region, die aber in der Neuzeit der Erdgeschichte fast völlig abgetragen wurde. Ein Überbleibsel ist *Cedar Mountain,* der aus roten Sandsteinen und Schiefern besteht und in der Nähe des *Desert View* liegt.

Das Mesozoikum war auch die Ära der Dinosaurier und endete vor ungefähr 60 Millionen Jahren.

Känozoikum – Neuzeit der Erdgeschichte

Während des Känozoikums, das vor etwa 60 Mill. Jahren begann, wurde das große Plateau, in dem heute der Grand Canyon liegt, hoch über die Meereshöhe auf sein jetziges Niveau angehoben, und die Gesteinsschichten des Mesozoikums erodierten fast vollkommen weg. Erst in den letzten Jahrmillionen wurde dann der Grand Canyon durch den Colorado River eingesägt.

Ein letztes großes, aber erdgeschichtlich junges Ereignis ist im Grand Canyon abzulesen. Vor etwas mehr als einer Million Jahre drang glühende Lava aus dem Erdinnern hervor, Vulkane entstanden in diesem Gebiet, reine Lava floß die Canyonwände hinunter und staute den Fluß mehrmals auf. Während der gesamten Neuzeit wurde das Gebiet nicht mehr vom Meer überflutet.

Das Känozoikum ist auch das Zeitalter der Säugetiere – erst ganz am Ende dieser Zeit erschien der Mensch.

Die meisten Ablagerungen in all diesen Zeiten entstanden durch wechselndes Überfluten des Landes durch das Meer. Jedesmal, wenn die Wassermassen zurückwichen, blieben mächtige Erdschichten in waagerechter Lage zurück. Andere Schichten entstanden durch Flußablagerungen und angewehten Wüstensand. Dabei wurde das Land abgesenkt und wieder angehoben. Es bildeten sich hohe Gebirge, die dann im Laufe der Zeit wieder zu Ebenen abgetragen wurden.

Darüber, wie der Colorado River den Grand Canyon in den letzten Jahrmillionen bildete, gibt es verschiedene Meinungen. Ursprünglich nahm man an, daß der Colorado River einst durch ein ziemlich ebenes Land strömte. Als es später immer mehr angehoben wurde, bekam der Fluß mehr und mehr Gefälle, floß dadurch schneller und schneller und sägte sich immer tiefer ein. Diese Meinung ist aber heute widerlegt, denn Geologen haben nachgewiesen, daß der Colorado River an verschiedenen Abschnitten ein unterschiedliches Alter hat. Unterhalb des Grand Canyon ist der Fluß nur etwa 5 Millionen Jahre alt, oberhalb des Canyons aber schon 30 bis 40 Millionen Jahre. Man hat versucht, die Altersunterschiede zu erklären und stellte verschiedene Theorien über die Entstehung des Colorado River auf, ist aber noch nicht zu einer Einigung gekommen. Man nimmt allgemein an, daß hier zwei Flüsse wirkten.

Nach einer Theorie floß der jetzige Colorado River in seinem heutigen, oberen Verlauf durch den Bundesstaat Utah nach Nordarizona zum Little Colorado River, über ihn weiter in den Rio Grande und bis in den Golf von Mexico. Dieser Flußlauf wurde unterbrochen, als sich das Land an der heutigen Grenze zwischen Arizona und New Mexico anhob. Als Folge bildete sich ein riesiger See. Der andere Fluß strömte südwestlich in den Golf von Kalifornien, sägte sich dann rückwärts immer mehr in das Gebiet ein, bis er schließlich den oberen Ur-Colorado River erreichte. Auf diese Weise entstand der durchgehende Colorado River, der den Grand Canyon einschnitt. Andere Geologen bestreiten, daß der obere Ur-Colorado River jemals in den Golf von Mexico geflossen ist. Sie nehmen an, er sei bereits vor etwa 38 Mill. Jahren in seinem jetzigen, oberen Verlauf auch durch den Bundesstaat Utah in den Bundesstaat Arizona geflossen, habe dann aber seinen Lauf geändert und sei zurück in den Südwesten von Utah geströmt. Sein weiterer Verlauf ist unbekannt. Ein anderer Fluß, der in den Golf von Kalifornien gemündet sei, habe vor 4 bis 5 Millionen Jahren begonnen, sich rückwärts immer mehr in das Gelände einzugraben, bis er den oberen Ur-Colorado River erreicht habe und der heutige Flußverlauf entstanden sei. Der Colorado River habe nun noch 2 bis 3 Millionen Jahre gebraucht, um den Grand Canyon einzusägen.
Unabhängig davon, welche Theorie sich als die richtige erweisen wird, steht fest, daß der Grand Canyon für Millionen Besucher aus aller Welt ein einmaliges Geologiebuch der Erdgeschichte darstellt und die zahlreichen Fossilienfunde der Wissenschaft bedeutende Einblicke in die Entwicklung des Lebens gewähren. In den zwei Milliarden Jahre alten Gesteinsschichten der *Inneren Schlucht* wurden keine Zeugnisse für frühes Leben gefunden. Erst in den darüberliegenden, jüngeren Gesteinsschichten entdeckte man Spuren einfachster Pflanzen; und in den nach oben immer jünger werdenden Schichten fand man Fossilien, welche die Entwicklung von einfachen Lebensformen zu hoch entwickeltem Leben offen darlegen.
Die Schlucht ist, am Flußlauf gemessen, etwa 450 km lang, im Durchschnitt 15 km breit (an der breitesten Stelle 29 km) und durchschnittlich 1,6 km tief. Am *North Rim* ist die Schlucht 1750 m, am *South Rim* nur 1380 m tief. Der North Rim liegt etwa 2500 m, der South Rim etwa 2100 m ü. d. M. Wenn man am Rand des Canyons steht und auf den Colorado River hinabschaut, erscheint der Fluß winzig und friedlich, daß man nicht ahnt, welche Energien in ihm stecken. Von seiner Quelle in den Rocky Mountains bis zum Golf von Kalifornien mißt er 2333 km und ist damit fast doppelt so lang wie der Rhein; seine Breite beträgt durchschnittlich 90 m. Als der Colorado River noch ungezähmt und wild dahinschoß, führte er an einem Tag im Durchschnitt 500 000 Tonnen Schlamm und Schotter mit sich, die beim Einfräsen des Canyons wie Schleifpapier wirkten. Die bisher bekannte Rekordmenge an Ge-

röllmassen schleppte er beim Hochwasser am 13. September 1927 mit sich: 27 600 000 Tonnen pro Tag.
1930 wurde der *Hoover Damm* unterhalb des Grand Canyon fertiggestellt und der Colorado River zu einem See, dem *Lake Mead,* aufgestaut. Der Fluß lud nun seine Erdmassen in diesem See ab, den er aber schon nach einigen hundert Jahren zugeschüttet hätte. Deshalb wurde ein weiterer, riesiger Staudamm, der *Glen Canyon-Damm*, oberhalb des Grand Canyon errichtet und im Jahre 1963 fertiggestellt. Der hier aufgestaute See, *Lake Powell,* fängt nun etwa drei Viertel der vom Colorado River mitgeführten Erdmassen auf. Seitdem fließt der Colorado River »gezähmt« durch den Grand Canyon und führt durchschnittlich nur noch etwa 80 000 Tonnen Erde, Schlamm und Geröll pro Tag mit sich; das Zuschütten des Lake Mead wird dadurch um einige hundert Jahre hinausgezögert. Den größten Anteil der jährlichen Schlamm- und Geröllmassen führt der Colorado River in der Zeit des Hochwassers mit sich.
Die Landschaft des Grand Canyon wurde aber nicht nur durch den Colorado River geformt. Verwitterung und seitliche Erosion: ständiger Temperaturwechsel, Pflanzen, die ihre Wurzeln in Felsspalten treiben und den Felsen brechen, Eis, das sich ausdehnt und Gesteine lockert, dazu Schmelz-, Regenwasser und Wind, schufen unzählige Türme und Tafelberge, Vorsprünge und Steilabstürze, Stufen und Klippen, tiefe Seitencanyons und stufige Felspyramiden und erweiterten den Grand Canyon immer mehr. Der ständige Wechsel von harten und weichen Gesteinsschichten und das extrem trokkene Klima waren weitere Voraussetzungen für die Entstehung und Erhaltung dieser ungewöhnlichen Landschaft.
In den verschiedenen Klimazonen des Grand Canyon konnte sich eine interessante Tier- und Pflanzenwelt entwikkeln. In der oberen Region und auf dem Plateau leben neben vielen Vögeln u. a. Rotwild, Dickhornschaf, Luchs, Puma, Stachelschwein und Eichhörnchen. Es wachsen Tannen, Kiefern und Espen. Im Winter ist das Plateau vom Schnee bedeckt. Im Inneren des Canyons folgt zunächst eine gemäßigte Zone, in der Wachholdersträucher und Eichen wachsen. Im untersten Teil des Canyons herrscht ein sehr heißes und trokkenes Klima; die Temperaturen können bis weit über 40°C ansteigen. Es gedeihen Kakteen und andere Wüstenpflanzen. Das Stinktier, Eidechsen, Klapperschlangen und andere Tiere haben hier ihren Lebensraum.
Selbstverständlich ist der Grand Canyon für den Besucher hervorragend erschlossen. Man kann ihn bequem mit kleineren Flugzeugen und Hubschraubern überfliegen, mit dem Auto oder Autobus an seinen oberen Rändern entlangfahren oder ihn mit Maultieren durchreiten. Man kann ihn in einem Boot bei einer Wildwasserexpedition auf dem Colorado River durchfahren oder ihn zu Fuß durchqueren. Das Durchqueren des Canyons ist äußerst anstrengend, man läuft schon 4 Stunden zum Fluß hinunter, benötigt dann

aber mindestens 8 Stunden für den Aufstieg zum North Rim. Selbst für geübte Bergsteiger sind diese Touren durch den extremen Klimawechsel äußerst beschwerlich. Am Canyonboden wurden schon Temperaturen bis zu 49°C gemessen. Trinkwasser, schützende Kleidung, festes Schuhwerk und ausreichende Informationen im Besucherzentrum sind für diese große Wanderung unbedingt erforderlich. Das Schwimmen im Colorado River ist äusserst gefährlich und wurde gesetzlich verboten.
Von *Grand Canyon Village* aus entlang dem *South Rim* führt eine 53 km lange Panoramastraße in westlicher und östlicher Richtung.

Für den Besucher, der nur wenig Zeit hat, empfiehlt sich eine Autofahrt über den östlichen Teil der Panoramastrasse, den 40 km langen *East Rim Drive* oder *Desert View Drive,* der zu spektakulären Aussichtspunkten führt: *Yavapai Point, Mather Point, Yaki Point, Grandview Point, Moran Point, Zuñi Point, Lipan Point* und *Navajo Point* mit dem großartigen *Desert View.*

Bei tief stehender Sonne zeigt der Grand Canyon, wenn die Felsformationen dunkle Schlagschatten werfen und die Färbungen der Gesteinsschichten besonders intensiv wirken, unvergeßliche Bilder.

69 Am *Mather Point,* South Rim, erkennt man besonders gut die waagerechten Gesteinsschichten des Paläozoikums, das vor etwa 600 Mill. Jahren begann und vor etwa 230 Mill. Jahren endete.

70 *Mather Point* am South Rim. Für die Besucher aus aller Welt ist der Grand Canyon ein einmaliges Geologiebuch der Erdgeschichte. Fünf Abschnitte, vom Azoikum bis zum Känozoikum, können abgelesen werden. Die ältesten Gesteinsschichten in der Inneren Schlucht schätzt man auf 2 Milliarden Jahre.

72 In der Nähe vom *Lipan Point* am South Rim. Der Hauptanteil der Felswände, etwa die oberen zwei Drittel, sind Formationen des Paläozoikums. Die Schlucht ist, am Flußlauf gemessen, etwa 450 km lang, im Durchschnitt 15 km breit und durchschnittlich 1,6 km tief.

74 Der Sonnenaufgang am *Desert View,* South Rim, ist ein besonderes Erlebnis. Licht und Schatten vermitteln zu jeder Tageszeit andere Eindrücke der Farben und Formen.

Grand Teton
National Park

Lage:
Im Westen des Bundesstaates Wyoming; in den Rocky Mountains

Größe:
Rd. 1 260 qkm

Gründung:
Seit 1929 National Park

Hauptsehenswürdigkeit:
Hochalpine Gebirgslandschaft

Wenn man sich dem Nationalpark von Osten her nähert, durchfährt man lange Zeit eine eintönige Landschaft. Nur die kurvenreiche Straße bringt ein wenig Abwechslung. Plötzlich taucht am fernen Horizont eine vielzackige, schneebedeckte Gebirgsfront steil aus der weiten Ebene empor. Es sind die markanten *Grand Tetons* (Grosse Brustspitzen), eine Gruppe steiler Drei- und Viertausender. Ihr höchster Gipfel, der 4 197 m hohe Grand Teton, ragt besonders auffallend in den Himmel. Je näher man kommt, umso gewaltiger wird der Anblick der schroffen, blaugrauen, schneeglitzernden Berge. Der Eindruck ist deshalb so überwältigend, weil die Tetons vom flachen Talboden aus abrupt bis zu 2 100 m emporsteigen und ihnen keine niedrigeren Höhenzüge vorgelagert sind.

Der Grand Teton National Park, in den Rocky Mountains gelegen, ist ein Paradies für den Wanderer, Bergsteiger, Naturfreund und Liebhaber hochalpiner Gebirgslandschaften. Hier kann er auf 320 km Wanderwegen, die teilweise beschwerlich sind, einsame Gebirgstäler durchwandern, die ihn an Gletscherseen vorbeiführen, in deren kristallklarem Wasser sich die von ewigem Eis und Schnee bedeckten Bergriesen spiegeln. Dunkelgrüne Kiefern- und Tannenwälder, silberfarbene Espen, Pappeln und Zwergahorn säumen seinen Weg, aber auch eine Vielzahl wilder Blumen, darunter Primeln, Lupinen, Rosen, Lilien, Akelei, Enzian und seltene Orchideen. Wapitihirsche, Elche, Rehe und sogar eine Bisonherde können seinen Weg kreuzen. Dickhornschafe mit ihren schneckenförmig gebogenen Hörnern klettern in den Berghängen, Biber bauen ihre Dämme am Fluß. Wiesel, Kojoten, Rotluchse, Murmeltiere, aber auch Hunderte von Vögeln, darunter der seltene, scheue Trompeterschwan, Kanadagänse, Wildenten, große blaue Reiher, Raben, Habichte, Falken, Adler und Seeadler, sind hier beheimatet. Schwarzbären, kann der Wanderer an irgendeiner Stelle des Parkes antreffen, während die größeren, oft graufarbenen Grizzlybären unberührte Teile des Parkes vorziehen und nur sehr selten gesehen werden. Zwei Panoramastraßen, der *Rockefeller Parkway*, der dem Flußlauf des wilden *Snake River* und dem Ostufer des *Jackson Sees* folgt und die *Teton Park Road* bieten dem Autofahrer herrliche Ausblicke auf die gewaltige Gebirgslandschaft.

Das Gestein der Tetons entstand schon in der Urzeit, ihre heutige Gestalt erhielten sie aber erst im jüngsten geologischen Zeitabschnitt.

Im Känozoikum begann vor etwa 9 Mill. Jahren westlich einer Erdfalte ein mächtiger, in Nordsüdrichtung 64 km

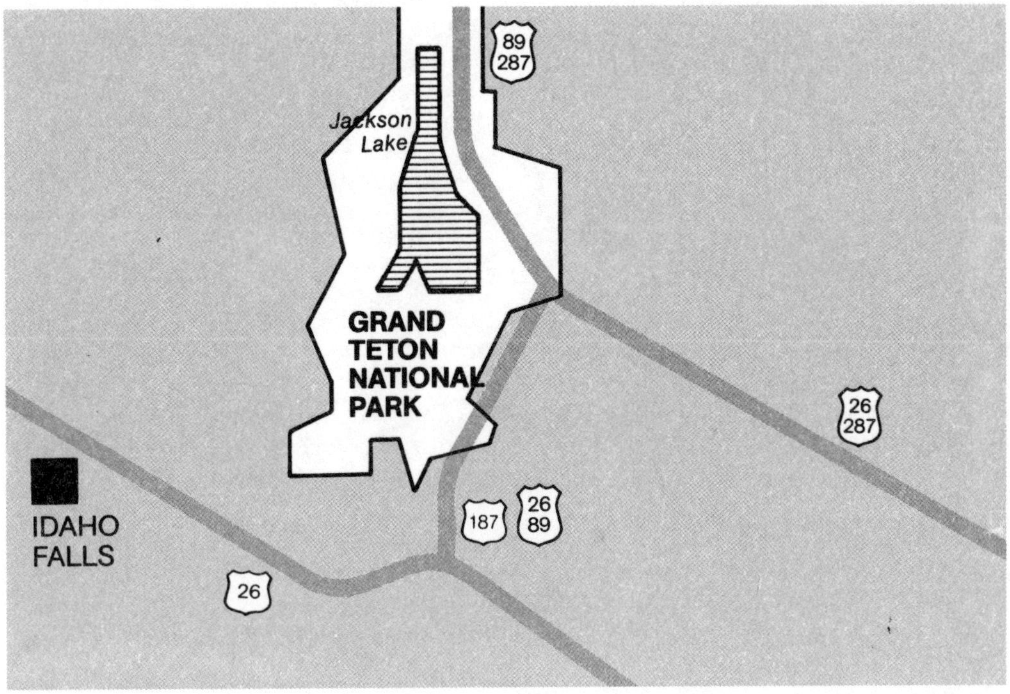

76 Die vielzackige, schneebedeckte Gebirgsfront der *Grand Tetons* ragt vom flachen Talboden aus abrupt bis zu 2100 m empor.

langer und 24 km breiter Gesteinsblock aus der Erdkruste emporzusteigen: das gesamte heutige Tetongebirge. Dabei wurde er an seiner westlichen Kante festgehalten, so daß er sich hauptsächlich an seiner Ostseite entlang der Erdfalte aufrichtete. Dadurch fiel dieser Block nach Osten steil ab, während er sich nach Westen schwächer neigte. Das Gebiet im Osten sank ab, und es entstanden keine Vorgebirge. Das Gebirge besteht aus einem Urgestein, das vor mehr als zweieinhalb Milliarden Jahren im Azoikum durch Metamorphose entstanden ist. Enorme Erdkräfte, große Hitze und Druck schufen kristalline Gneise und Schiefer. Flüssiges Gestein aus dem Erdinnern durchdrang später diese Gesteinsschichten, erkaltete und verhärtete zu Graniten und Diorit, die heute noch als helle und dunkle Adern und Streifen zu sehen sind.
Zu Beginn der Anhebung war der Gesteinsblock noch von dicken Meeres- und Vulkanablagerungen aus früheren Zeiten bedeckt, die durch Verwitterung und Erosion immer mehr abgetragen wurden, bis schließlich das Urgestein an der Ostseite der heutigen Tetons hervorkam. An den steilen Osthängen konnte die Erosion schneller fortschreiten als an den flacheren Westhängen, die deshalb heute noch mit einer Restschicht der Gesteine aus früheren Meeresablagerungen bedeckt sind. Von allen hohen Bergspitzen trägt nur noch der *Mount Moran* mit seinem flachen Gipfel eine Kappe der früheren Meeresablagerungen.
Mit der Anhebung begannen die zerstörenden Kräfte unaufhörlich zu wirken: ständiger Temperaturwechsel, Pflanzenwurzeln, Wasser und Gletscher. Sie schufen die heute vor uns liegende Landschaft mit ihren V- und U-Tälern und hohen Bergspitzen. Besonders die Gletscher, die in den letzten 250000 Jahren in den hohen Bergen durch dicke Schneemassen gebildet wurden, durchzogen mindestens dreimal die Täler, frästen und schnitten die schroffe Gebirgslandschaft ein und formten große U-Täler. Noch heute weisen die Hänge der Felsen sichtbare waagerechte Schrammen dieser gewaltigen Eisströme auf. Als sich die Gletscherströme zurückzogen, hinterließen sie Geröll- und Gesteinsmassen, sogenannte Endmoränen, die natürliche Staumauern für das abfließende Wasser bildeten. So entstanden die kristallklaren Gletscherseen *Lake Jenny*, *Lake Leigh* und *Lake Taggart*. Auch heute noch arbeiten Verwitterung und Erosion an der Silhouette der Tetons, und eines Tages werden die gewaltigen Berge nur noch sanfte Hügel sein.

79 Der 4197 m hohe *Grand Teton* spiegelt sich im Wasser des kristallklaren *Lake Jenny.*

80 An vielen Stellen des Parks schimmern die silbrigen Stämme kleiner *Espenwälder.*

81 Der *Yellow-headed Blackbird* (Xanthocéphalus xanthocéphalus) fällt nicht nur durch seine Schönheit, sondern auch durch seinen glokkenklaren lauten Gesang auf. Kein anderer Vogel Nordamerikas hat einen gelben Kopf und schwarzen Körper.

Great Sand Dunes National Monument

Lage:
Im mittleren Süden des Bundesstaates Colorado; im Herzen der Rocky Mountains

Größe:
Rd. 160 qkm

Gründung:
Seit 1932 National Monument

Hauptsehenswürdigkeit:
Hohe Sanddünen

Am Fuße der steilen, schneebedeckten *Sangre de Cristo Mountains,* die mit mehreren Viertausendern – unter ihnen der 4364 m hohe *Blanca Peak* – einen hochalpinen Gebirgszug inmitten der Rocky Mountains bilden, türmte der Wind ein weites, hohes Dünenfeld auf. Die Szenerie der Kontraste beeindruckt, – schroffe, schneeweiße Felsspitzen und davor kahle bis zu 210 m hohe, gelbbraune Sanddünen. – Dagegen ist die höchste Düne Europas klein; die *Düne von Pilat* bei Arcachon in Frankreich ist nur 103 m hoch.

Die *Great Sand Dunes* könnten ohne weiteres den höchsten Kirchturm der Welt, den 161,60 m hohen Turm des Ulmer Münsters, bedecken. Sie wirken nicht nur durch ihre Höhe, sondern auch durch ihre Form und Gestalt. Sie tragen scharf ausgeprägte Kämme, und ihre Oberflächen zeigen auf der dem Wind zugewandten, sanfteren Seite unzählige, gleichmäßig geformte Riffeln. Der Wind bläst ununterbrochen die feinen Sandkörnchen, die sich springend und rollend fortbewegen, den flach geneigten Hang bis zum Kamm der Dünen hinauf. An der dem Wind abgekehrten Seite fallen sie dann wieder hinunter und bilden einen dem Sand eigenen natürlichen Böschungswinkel von 30° bis 40°. Manchmal befindet sich auf der flachen, dem Wind zugewandten Seite der Düne ein weiterer Kamm. Da die Dünen vollkommen kahl sind, befinden sie sich in ständiger Bewegung – sie wandern. Vom Wind angetrieben wechseln sie stetig ihre Form. Nichts ist vor ihnen sicher, selbst hohe Bäume werden zugeschüttet. Nur zwei kleinere Pflanzenarten, das *Reisgras* und das *Lemmon weed*, eine Harzkleeart, kämpfen gegen den Sand.

Die Sanddünen werden zu den verschiedensten Formen aufgeweht. Die Sicheldüne, *Barchan* genannt, zeigt eine in Windrichtung geöffnete Sichelform. Sie ist in ihrer Gestalt wohl die anmutigste in einem Dünenfeld. Sicheldünen entstehen dadurch, daß sich der Sand an ihren flacheren Enden schneller vorwärts bewegen kann als in der Mitte, wo er kompakter gelagert ist. Wenn sich der Wind dreht, drehen sich auch die Sicheldünen. Bläst der Wind aus verschiedenen Richtungen, so können sich aus mehreren Sicheldünen sogenannte Sterndünen bilden. Doch damit ist die formende Kraft des Windes noch längst nicht erschöpft. Bei mäßigen Winden können auch geradlinige Querdünen entstehen, die senkrecht zur Windrichtung verlaufen. Starke Winde bringen Strichdünen hervor, die mit ihren Kämmen in der Windrichtung liegen. Auch pyramidenförmige Dünen kann der Wind aufbauen. Manchmal ist ein Dünenfeld völlig un-

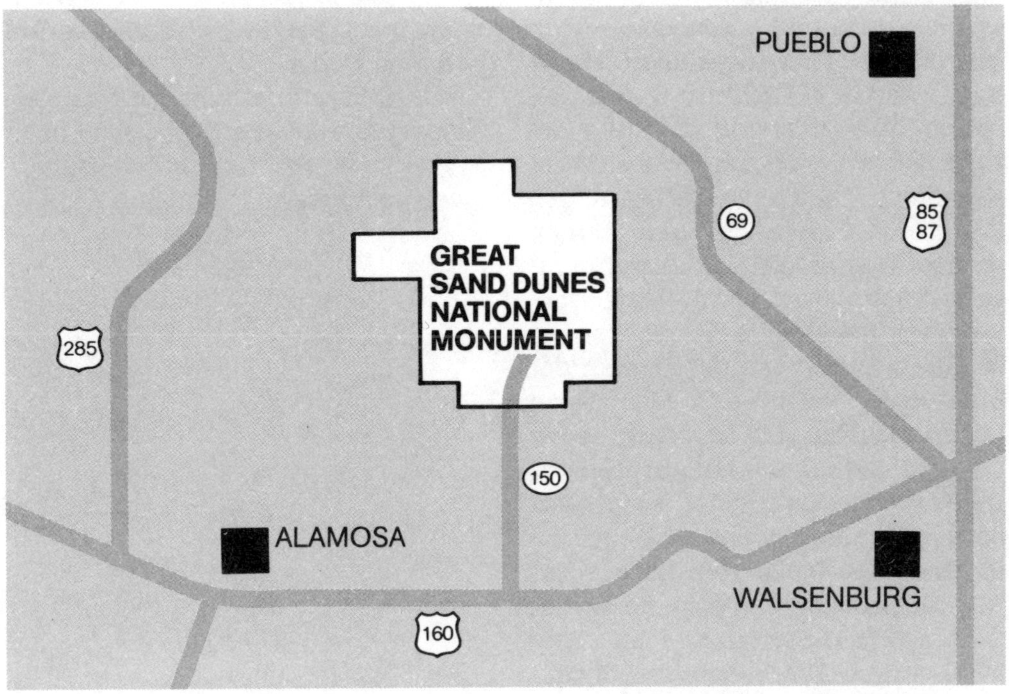

82 Die Szenerie der Kontraste beeindruckt, schneebedeckte Berge, kahle, gelbbraune Sanddünen und davor ein Wüstenfluß.

übersichtlich und läßt kein Ordnungsprinzip erkennen.
Je nach Windstärke und Größe der Dünen können sie erhebliche Strecken zurücklegen, und kein Widerstand vermag sie dabei zu bremsen. Die höchsten Dünen der *Great Sand Dunes* wanderten während der letzten Jahrzehnte durchschnittlich 2,5 m im Jahr. Das beweisen Fotos, die man vor vielen Jahren aufgenommen hat. Die kleinen Sanddünen der Great Sand Dunes können dagegen 0,6 bis 0,9 m in einer Woche zurücklegen, das sind 48 m im Jahr, wenn der Wind ständig aus Südwesten bläst. Starke Stürme, die aus Nordosten kommen, sind keine Seltenheit. Sie können die Dünenkämme an einem Tag um über 5 m in westlicher Richtung zurückwehen und sind Ursache für die enorme Höhe dieser Dünen.

Der Dünensand entsteht durch physikalische und chemische Verwitterung der Gesteine und besteht hier überwiegend aus vulkanischen Gesteinen und Quarz, weil sie den Witterungseinflüssen am besten widerstehen. Bei der ständigen Bewegung des Sandes durch den Wind reiben die Sandkörner ununterbrochen aneinander, wodurch sie zu fast vollkommenen Kügelchen geschliffen werden und eine matte Oberfläche erhalten.
Das *San Luis Tal*, in dem sich die Great Sand Dunes ausbreiten, war einst vom Meer bedeckt und wurde später hoch über Meereshöhe angehoben. Heute liegt es mehr als 2200 m ü. d. M. An seinen Seiten richteten sich steile Gebirge auf. Im Osten des Tales entstanden durch Auffaltung die mächtigen *Sangre de Christo Mountains*, während im Westen die *San Juan Mountains* durch vulkanische Aktivitäten gebildet wurden. Magmamassen drangen an vielen Stellen aus dem Innern der Erde hervor. Vor etwa 25 Mill. Jahren begann das San Luis Tal sich an seiner Ostseite mehr und mehr abzusenken. Die Kräfte der Natur lösten und zerkleinerten das Gestein und brachten immer mehr Geröll, Sand und Lehm in das Tal. Die Sedimente sind heute an der Ostseite des San Luis Tales über 9000 m dick. Die Sangre de Christo Mountains waren ursprünglich runde Berge. Erst vor etwa 10000 Jahren haben die Gletscher ihre markante scharfe Silhouette herausgeschliffen und die U-Täler geformt. Die Endmoränen der Gletscher versperrten die weiten Schwemmlandtäler. Nach und nach verschob der *Rio Grande* seinen Flußlauf immer mehr nach Südwesten, die Seen trockneten aus, und der Fluß hinterließ riesige Mengen von Sand und Schlamm. So wurde das ganze Gebiet zwischen dem uralten und dem jungen Lauf des Rio Grande von Sand bedeckt. Die vorherrschenden Südwestwinde trugen den feinen Sand des Talbodens in nordöstlicher Richtung fort, bis er vor den Hängen der Sangre de Christo Mountains zu der mächtigen Dünenlandschaft aufgetürmt wurde.

Die Landschaft der Great Sand Dunes ist die einer kalten hohen Wüste. Reptilien sind deshalb hier kaum anzutreffen. Trotzdem kann der Besucher sich die Füße verbrennen, wenn er im Sommer um die Mittagszeit barfuß in die Dünen geht. Die Sandoberfläche erreicht dann Temperaturen von über 60°C. Zur Schneeschmelze bildet sich ein breiter flacher Fluß, der unmittelbar vor dem hohen Dünenfeld dahinfließt.
Die Dünen wirken besonders kontrastreich bei tiefstehender Sonne, wenn tausende und abertausende von Windriffeln und ihre scharfen Kämme dunkle Schatten werfen.
Von Alamosa führt eine 60 km lange Autostraße zunächst in östlicher, dann in nördlicher Richtung an die Dünenlandschaft heran.

85 Die bis zu 210 m hohen *Sanddünen* liegen 2200 m ü.d.M. und bilden die Landschaft einer kalten hohen Wüste. Trotzdem erreicht die Sandoberfläche im Sommer zur Mittagszeit Temperaturen bis über 60° C.

86 Die vorherrschenden Südwestwinde trugen den feinen Sand des San Luis Tals fort, bis er vor den Hängen der Sangre de Christo Mountains zu der mächtigen Dünenlandschaft aufgetürmt wurde.

Hawaii Volcanoes
National Park

Lage:
Auf der Insel Hawaii

Größe:
Rd. 930 qkm

Gründung:
Seit 1916 National Park

Hauptsehenswürdigkeit:
Zeitweilig aktive Vulkanlandschaft

Mauna Loa (4170m) und *Kilauea* (1247m), zwei oft aktive Vulkane im Südosten der Insel Hawaii, bilden den Hawaii Volcanoes National Park.
Hawaii, die größte und südöstlichste Insel des Hawaii Archipels, liegt mitten im nördlichen Pazifik rd. 3900 km, aber nur 4 ½ bis 5 Flugstunden vom amerikanischen Kontinent entfernt.
Hawaii ist wie die anderen Inseln des Archipels vulkanischen Ursprungs und vom Meeresboden emporgestiegen. Über 5000 m tief ist hier das Meer, und rechnet man diese zum Mauna Loa hinzu, so hat der Vulkan eine Höhe von über 9000 m und ist damit der zweithöchste Berg der Erde. Nur sein erloschener Nachbar, der außerhalb des Parks gelegene *Mauna Kea,* ist wenige Meter höher und folglich der höchste Berg der Erde.
Nach geologischen Maßstäben sind die Vulkane Hawaiis jung: erst vor etwa 2 bis 3 Millionen Jahren begannen sie sich vom Meeresgrund aus aufzubauen, und erst vor 500000 Jahren erreichten sie die Meeresoberfläche. Trotz ihrer gewaltigen Höhe ist ihre Silhouette wenig beeindruckend, denn sie sehen aus wie flache Kappen. Es sind Schildvulkane, die eine sehr geringe Hangneigung haben. Sie kommen auf der Erde nur selten vor. Schildvulkane entstehen, weil ihre austretenden Lavamassen nur aus Basalt bestehen und äußerst heiß und dünnflüssig sind. Deshalb breitet sich die Lava wie Öl über große Flächen aus und kann keinen klassischen Vulkankegel bilden. Das aus dem Erdinnern aufsteigende Magma sammelt sich in einer Kammer, die einige Kilometer unter dem Kraterrand liegt. Der Druck wird immer grösser, es kommt zu einer regelrechten Aufblähung des Vulkans, die sogar meßbar ist, bis der kritische Punkt erreicht wird und das Magma sich seinen Weg nach oben erzwingt. Dabei kann die Lava auch durch seitliche Risse und Spalten des Vulkans hervorbrechen. In der Nähe der Oberfläche nimmt der Druck ab, die in dem flüssigen Magma gelösten Gase dehnen sich explosionsartig aus und rufen die Eruptionen hervor. Oft wird die Lava über 100 m hoch in die Luft geschleudert. Die höchste Eruption, die man auf Hawaii beobachten konnte, war die des Kilauea im Jahre 1959. Damals wurde die Lava 600 m hoch geschleudert und ein Wald vom Aschen- und Funkenregen so hoch zugeschüttet, daß die Bäume abstarben. Ihre Gerippe sind heute noch ein eindrucksvolles Zeugnis der Verwüstung. Die flüssige Lava erreicht an der Oberfläche Temperaturen bis über 1100°C. Sie fließt in breiten Strömen über die flachen Hänge des Mauna Loa und Kilauea, manchmal bis in das Meer. Einmal an der Erdoberfläche, kühlt sich

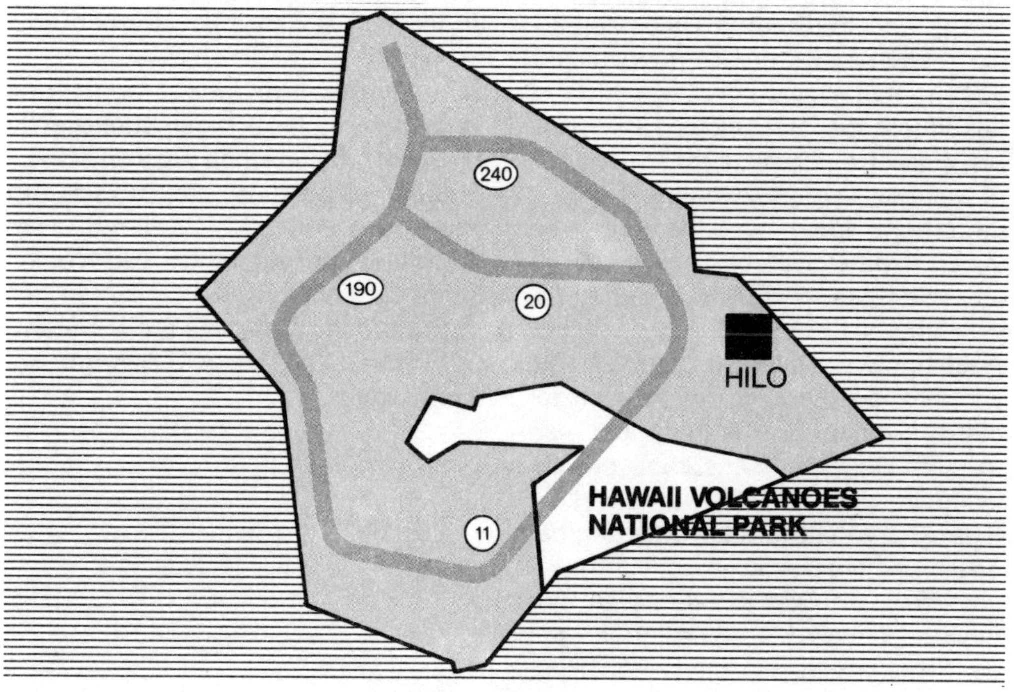

88 Die leuchtend roten Blüten des *Ohia-lehua tree, »Ohia-Eisenholzbaumes«* (Metrosideros polymorpha), eine der am häufigsten vorkommenden Baumarten auf Hawaii, wachsen an kleinen Büschen und hohen Bäumen.

die Lava ziemlich schnell ab. So war z. B. der Lavastrom des *Kilauea* nach dem Ausbruch von 1973 schon nach 6 Tagen an der Oberfläche fast erkaltet. Die Lavaströme bilden oft die eigenartigsten Strukturen. *Tunnel-Lava* entsteht, wenn die Oberfläche eines Lavastroms erstarrt und darunter die flüssige, glühende Lava weiterfließt. Wird der Lavazustrom unterbrochen, bilden sich Hohlräume – Lavaröhren –, und es können kilometerlange Tunnel entstehen, so groß wie U-Bahntunnels. Dünnflüssige Lava, die nur wenig Gas enthält und an steilen Hängen zum Stillstand kommt, bevor sie völlig erstarrt, kann beim Erkalten das Muster eines aufgerollten Strickes bilden; man spricht von *Strick-Lava.*

Wie Riesenpilze erscheinen die sogenannten *Lava-Bäume;* das sind Bäume, die von der Lava vollkommen eingeschlossen wurden. *Peles Haar* ist nach dem Glauben der Einheimischen das Haar der *Feuergöttin Pele,* die ihren Wohnsitz im Lavasee *Halemaumau* im Krater vom Kilauea Vulkan hat. Dort soll sie die Felsen gekocht haben, um sie dann als glühende Lava in die bewohnten Gebiete hinunterzugießen. Das »Haar dieser Feuergöttin« entsteht aus emporgeschleuderten kleinen Lavatropfen, die beim Herabfallen in lange, feinste Fäden gezogen wurden und zu Glas erstarrten.

Glühende, flüssige Lava füllte jahrzehntelang den berühmten Halemaumau, den sagenumwobenen Feuersitz der Göttin Pele, bis sich die Lava 1924 in das Innere des Schlundes zurückzog. Als Wasser eindrang, kam es zu einer gewaltigen Dampfexplosion, die kilometerhohe Staub- und Dampfwolken in den Himmel trieb. Nach dieser Eruption hatte der Halemaumau keinen Lavasee mehr.

Auch heute noch ist der Glaube an die Existenz der Feuergöttin Pele in der einheimischen Bevölkerung tief verwurzelt. Bei einem Ausbruch des Kilauea im Jahre 1977 war das Dorf Kalapana von seinen Lavamassen bedroht, und die Bevölkerung wurde aufgefordert, ihr Dorf zu verlassen. Die Bewohner weigerten sich jedoch mit der Begründung, daß sie die Feuergöttin Pele nicht beleidigt hätten – nur 400 m vor Kalapana kam die Lava zum Stillstand –. Auch der Mauna Loa ist ein äußerst aktiver Vulkan. 1949 hatte er eine fünf Monate währende Eruption, und nur ein Jahr später, 1950, erbrach er den größten Lavafluß seiner Geschichte, etwa eine Milliarde Tonnen Lava in nur 23 Tagen. Danach ruhte Mauna Loa 25 Jahre. 1975 spuckte er einen fast 10 km hohen Vorhang von Feuer und Asche aus, und ein breiter Lavastrom ergoß sich wieder über seine Flanken. Die Eruptionen sind meistens von vielen kleinen, dicht aufeinanderfolgenden Erdbeben begleitet.

Man vermutet wohl kaum, daß dieser unruhige, oft feuerspeiende Vulkan Mauna Loa im Winter eine dichte Schneekappe trägt.

Dieser einzigartige Park ist durch Wanderwege und Straßen gut erschlossen. Besonders lohnend ist der 18 km lange *Crater Rim Drive,* der den *Kilauea Krater* umzieht. Er führt zum *Thurston Lava Tube,* einem Lavatunnel, den man bis zu 150 m begehen kann, weiter zum *Tree Fern Forest,* einem Wald aus Baumfarnen, und zum Wohnsitz der Feuergöttin Pele, dem *Halemaumau-Schlund,* der im Krater des Kilauea-Vulkans liegt. Von hier zweigt ein Weg in ein Gebiet mit typischer *Strick-Lava* ab. Die Straße führt weiter zur *Kau-Desert,* einer wüstenhaften Landschaft, in der man *Peles Haar* und auch andere interessante Lavaformationen sehen kann.

Den *Gipfelkrater des Mauna Loa* kann man in 2 bis 3 Tagen über den 29 km langen *Mauna Loa Trail* erreichen. Äußerst lohnend ist ein Besuch der *Küste* des Parks. Sie ist durch einen Wanderweg und teilweise durch einen Fahrweg erschlossen, von denen aus man herrliche Ausblicke auf unberührte schwarze Strände und Buchten genießen kann.

91 Viele dieser *Orchideen* blühen in den Wiesen nahe der Sulphur Banks.

92 Glühende, flüssige Lava füllte jahrzehntelang den berühmten *Halemaumau,* den sagenumwobenen Feuersitz der Göttin Pele, bis sich die Lava 1924 in das Innere des Schlundes zurückzog.

94 Lavastrom des *Mauna Ulu.* Die Lavaströme bilden oft die eigenartigsten Strukturen.

95 o *Strick-Lava.* Dünnflüssige Lava, die nur wenig Gas enthält und an steilen Hängen zum Stillstand kommt, bevor sie völlig erstarrt, kann beim Erkalten das Muster eines aufgerollten Strickes bilden.

95 u Erstarrte *Pahoehoe.* Diese Lavaform entsteht durch sehr heiße, dünnflüssige Lava. Sie hat Temperaturen von 900° bis 1100° C.

96 *Tree Fern Forest,* ein Wald aus Baumfarnen.

97 Mit wildem Tosen braust das Meer gegen die Steilklippen der *schwarzen Lavaküste.*

Joshua Tree
National Monument

Lage:
Im Süden des Bundesstaates Kalifornien; im Süden der Mojave-Wüste

Größe:
Rd. 2270 qkm

Gründung:
Seit 1936 National Monument

Hauptsehenswürdigkeit:
Joshua Trees in charakteristischer Wüste

Joshua Tree – ein Baum oder ein Kaktus? Keines von beiden, aber eine Wüstenpflanze, die in dem großen und weiten Schutzgebiet des Joshua Tree National Monument wächst.
Diese geschützte Landschaft liegt im Süden der Mojave-Wüste, die zu den trockensten Gebieten der Erde zählt. Joshua Tree (Yucca brevifolia) ist eine Yucca-Pflanze mit holzigem Stamm, die zu den Palmlilien aus der Familie der Liliengewächse gehört, welche für die harten Bedingungen der Wüste besonders gut ausgerüstet sind. Der Joshua Tree kann über 12 m hoch werden und trägt an seinen vielverzweigten Ästen grüne, dichte Büschel länglicher, scharfspitziger Blätter. Seine grünlich weißen Blüten, die er im Frühling von März bis Mai trägt, ziehen alljährlich viele Besucher an. Er wächst in großen Gruppen zwischen auffallenden rosa bis rotbraun gefärbten, klobigen Felsformationen und charakterisiert mit seinem fremdartigen Aussehen das Landschaftsbild dieser Wüste.
Auch wenn oft der Eindruck entsteht, daß Wüstengebiete unfruchtbar und leer seien, zeigen doch die meisten interessante Lebensformen. So gibt es auch in diesem Gebiet neben dem Joshua Tree eine reiche Pflanzen- und Tierwelt, die sich den extremen Lebensbedingungen gut angepaßt hat. Die Pflanzen ruhen die längste Zeit des Jahres, um nach einem Regen in verschwenderischer Fülle zu blühen und ihr Wachstum mit besonderer Eile voranzutreiben. Viele Tiere halten sich während des Tages verborgen und erwachen erst am Abend zu munterem Leben. Zu den größeren Tierarten, die hier leben, gehören das Bighornschaf, der Dachs, der Kojote und der Rotluchs; aber auch zahlreiche kleinere Tiere wie Echsen, Schlangen, Leguane, Mäuse und viele Vögel bevölkern das Naturschutzgebiet.
Wenn die Sonne untergeht, zeichnet sich die vielverzweigte Silhouette des Joshua Tree besonders klar gegen den Himmel ab; geradezu gespenstisch wirkt sie, wenn das kalte Licht des Mondes über die Landschaft streicht.
Straßen und Wege erschließen das Joshua Tree National Monument. Sie führen u. a. zu den Felsformationen von *Monzonite* und zu den *größten Standplätzen des Joshua Tree,* die sich im nördlichen und westlichen Teil ausdehnen. Auch *Jumbo Rocks* und *Hidden Valley* sind eindrucksvolle Landstriche. Vom *Key View Point* hat man eine umfassende Aussicht bis nach Palm Springs und bis zum großen Salton Sea im Süden, der rund 72 m unter dem Meeresspiegel liegt.

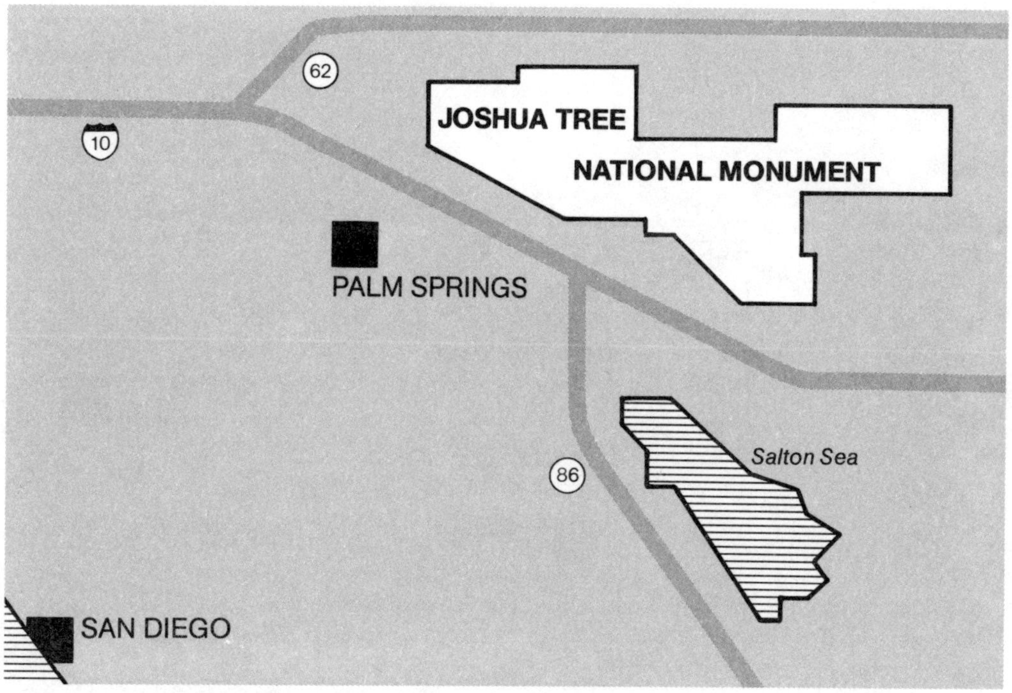

98 *Der Joshua Tree* (Yucca brevifolia) ist eine Yucca-Pflanze mit holzigem Stamm. Er kann über 12 m hoch werden. An seinen Ästen trägt er dichte Büschel länglicher, scharfspitziger Blätter.

Lassen Volcanic National Park

Lage:
Im Norden des Bundesstaates Kalifornien; im Kaskadengebirge – Cascade Range

Größe:
430 qkm

Gründung:
Seit 1907 National Monument, seit 1916 National Park

Hauptsehenswürdigkeit:
Vulkankegel, erstarrte Lavaflüsse, Schlammtöpfe, heiße Quellen

400 Jahre schlief *Lassen Peak* vor sich hin, um dann sieben Jahre aktiv zu sein. 1914 begannen seine Eruptionen, und ein Jahr später ergossen sich Lavaströme über seine Hänge. Während der Lavastrom am Westhang nach etwa 300 m zum Stillstand kam, brachte die glühende Lava am Nordosthang den hier tiefen Schnee zum Schmelzen, und ein alles Leben auslöschender Strom von Schlamm und schweren Lavablöcken rollte zu Tal. Wenige Tage später stand eine mächtige, etwa 8 km hohe Säule aus Staub und Dampf über seinem Gipfel. Damit hatte Lassen Peak mehr als genug auf sich aufmerksam gemacht, und das Gebiet wurde 1916 zum Nationalpark erklärt.

Der Lassen Peak ist 3 187 m hoch und liegt am Südende des Kaskadengebirges. Er ist der südlichste Gipfel in einer großen Vulkankette, zu der weitere Vulkane gehören, z.B.: Mount Shasta, Mount Mazama, Mount Hood, Mount Adams, Mount St. Helens und Mount Rainier. Die Eruptionen des Lassen Peak zwischen 1914 und 1921 waren die letzten eines Vulkans in den USA (außer in Alaska und Hawaii), bis 1980 der Mount St. Helens nach rd. einhundertjähriger Ruhe wieder ausbrach, verheerende Verwüstungen anrichtete, ja sogar Menschenleben forderte. Wissenschaftler nehmen an, daß neue Ausbrüche auch beim Lassen Peak möglich sind.

Er ist ein Überbleibsel eines viel größeren Vulkans, den man *Mount Tehama* nannte. Die *Caldera*, der Vulkankrater des Mount Tehama, stürzte ein. Lassen Peak bildete sich in diesem eingestürzten Krater und füllte ihn im Laufe der Zeit völlig aus.

Lassen Peak erhielt seinen Namen nach dem dänischen Pionier Peter Lassen, der während des Goldrausches in Kalifornien in der Mitte des 19. Jahrhunderts Siedler und Abenteurer über die Berge führte und den Vulkan als Landmarke benutzte. Heute ist der Berg der Mittelpunkt des Lassen Volcanic National Park, der viele Sehenswürdigkeiten vulkanischen Ursprungs bietet.

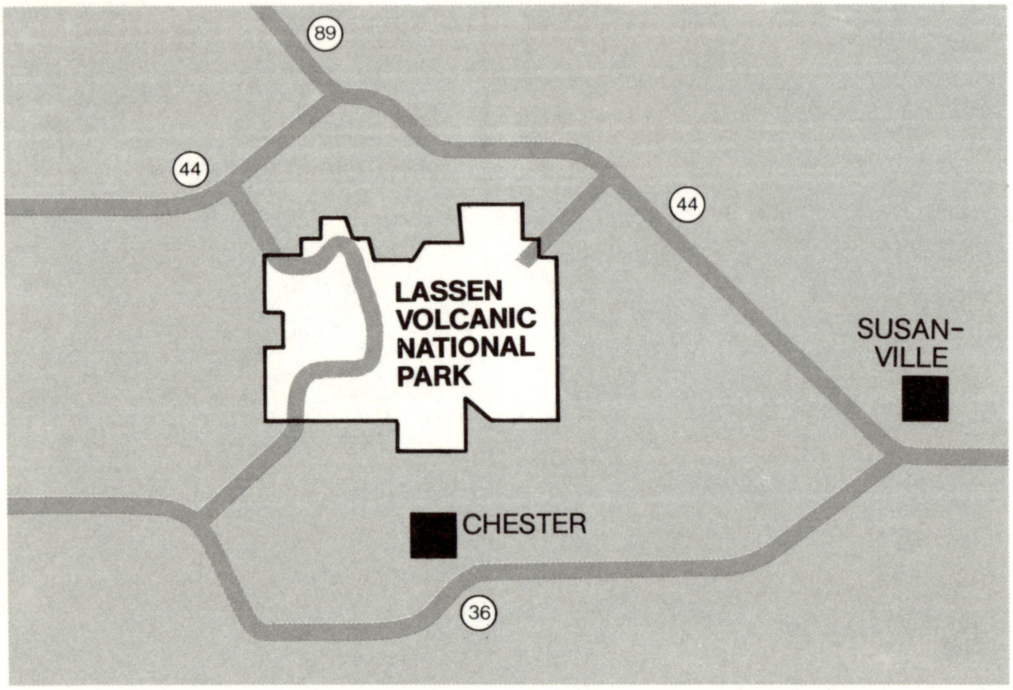

Eine kurvenreiche, 48 km lange Straße, die *Lassen Peak Road,* erschließt den Nationalpark und führt durch eine unberührte Gebirgslandschaft mit zahlreichen Seen, vorbei an *Chaos Craigs and Jumbles,* einem chaotischen Durcheinander von Lavablöcken, die vor etwa 1 700 Jahren entstanden, zur *Devasted Area,* einem Gebiet, das Lassen Peak mit seinem Lavaausbruch 1915 verwüstet hat, zu *Bumpass Hell,* dem größten Gebiet heißer Quellen mit blubbernden Schlammtöpfen und schließlich nach *Sulphur Works* mit zischenden Fumarolen.

Im Nordosten des Parks liegen die *Fantastic Lava Beds,* großartige Lavaflüsse, und *Cinder Cone;* beide sind am besten vom nahe gelegenen *Butte Lake* aus zu erreichen. Cinder Cone, 2105 m ü.d.M., ist eine der herausragendsten Sehenswürdigkeiten des Parks. Sein schwarzer, kahler, ebenmäßig geformter, runder Tuffkegel ragt etwa 200 m aus seiner Umgebung empor und entstand vor etwa 1 000 Jahren.

Lava und Asche, gemischt mit Gasen, brachen explosionsartig aus, fielen rund um den Vulkanschlot nieder und erstarrten schnell. Er veränderte kaum seine Gestalt, weil sein feinkörniges, überaus poröses Gestein das Regen- und Schmelzwasser aufsaugt und deshalb die Erosion kaum fortschreiten kann. Cinder Cone hatte 1851 seinen letzten Ausbruch. Dieser schwarze Tuffkegel ist von farbigen Aschen- und Schlackenhalden, die man *Painted Dunes,* »Farbige Dünen«, nennt, umgeben.

101 Am Fuße des Cinder Cone liegen viele *Volcanic Bombs,* »*Lavabomben*« aus glasigem Basalt, der besonders schnell abkühlte. Vom Cinder Cone ausgestoßen, rollten sie, noch heiß, aber schon gehärtet, seine Hänge hinunter.

102 *Cinder Cone* ist ein kahler, ebenmäßig geformter Tuffkegel, der etwa 200 m aus seiner Umgebung emporragt. Er entstand vor etwa 1000 Jahren und veränderte kaum seine Gestalt.

Mesa Verde
National Park

Lage:
Im Südwesten des Bundesstaates Colorado

Größe:
Rd. 210 qkm

Gründung:
Seit 1906 National Park

Hauptsehenswürdigkeit:
Prähistorische Höhlenwohnungen

Mesa Verde ist ein Nationalpark von großer kulturgeschichtlicher Bedeutung. *Mesa Verde, »Grüner Tisch«*, wurde von den Spaniern treffend so benannt, denn ein mächtiger bewaldeter Tafelberg von etwa 24 mal 32 km Ausdehnung erhebt sich plötzlich bis zu 600 m aus der flachen Ebene. Im Laufe der Zeit entstanden bis zu 300 m tiefe Schluchten, in deren gelbbraunen, fast senkrechten Sandsteinwänden sich zahlreiche Vorsprünge, Nischen und große Halbhöhlen bildeten.

In diesen Höhlen errichteten die Bewohner von Mesa Verde zwischen 1200 und 1300 n. Chr. die meisten der interessanten Wohn- und Kultstätten, die heute noch zu sehen sind. Man rechnet diese Zeit zur *Great Pueblo Periode* (1100 bis 1300 n. Chr.), die der Höhepunkt der gesamten Anasazi-Kultur war. Zahlreiche Funde hervorragender Keramiken sind Zeugen dieser Blütezeit, aber auch Ackerbau und Architektur hatten ihre höchste Entwicklungsstufe.

Die Geschichte von Mesa Verde begann aber schon viel früher. Die erste nachgewiesene Besiedlung geht bis in die Mitte des 6. Jahrhunderts n. Chr. zurück, wie Ausgrabungen von Archäologen beweisen. Die Bewohner, die zwischen 550 und 750 n. Chr. hier lebten, werden zur *Modified Basketmaker Periode* gezählt. Sie kannten zwar schon die Töpferei, wurden aber wegen ihrer feinen Korbarbeiten *Basketmaker, »Korbmacher«*, genannt.

Ab 750 n. Chr. entwickelte sich allmählich die Pueblo-Architektur, die dem Leben in immer größer werdenden Dorfgemeinschaften angepaßt war. Von den Anfängen der Besiedlung bis 1200 n. Chr. lebten die Bewohner von Mesa Verde überwiegend auf dem Hochplateau. Nach 1200 vollzog sich dann ein plötzlicher Wechsel. Die Anasazi verließen ihre Wohnungen und siedelten sich in den Höhlen und Nischen der steilen Canyonwände an. Die Ursache für den Wechsel ist nicht bekannt; man vermutet, daß sie aus Angst vor fremden Stämmen die besser geschützten Wohnstätten errichteten. Etwa 100 Jahre lang bewohnten sie nun diese oft nur auf halsbrecherische Art und Weise zu erreichenden Höhlenwohnungen. Ihre Kultur entwikkelte sich trotz des Lebens in den Höhlenwohnungen stetig weiter.

Um 1300 n. Chr. waren die Höhlenwohnungen verlassen; die gesamte Anasazi-Kultur hatte ein jähes Ende gefunden. Über das Warum gibt es nur Vermutungen. Einmal sollen fremde Eindringlinge das Leben der Bewohner bedroht haben, zum anderen weist man auf eine 15 Jahre andauernde Dürreperiode (1273–1287) hin. Eine weitere Vermutung geht dahin, daß es

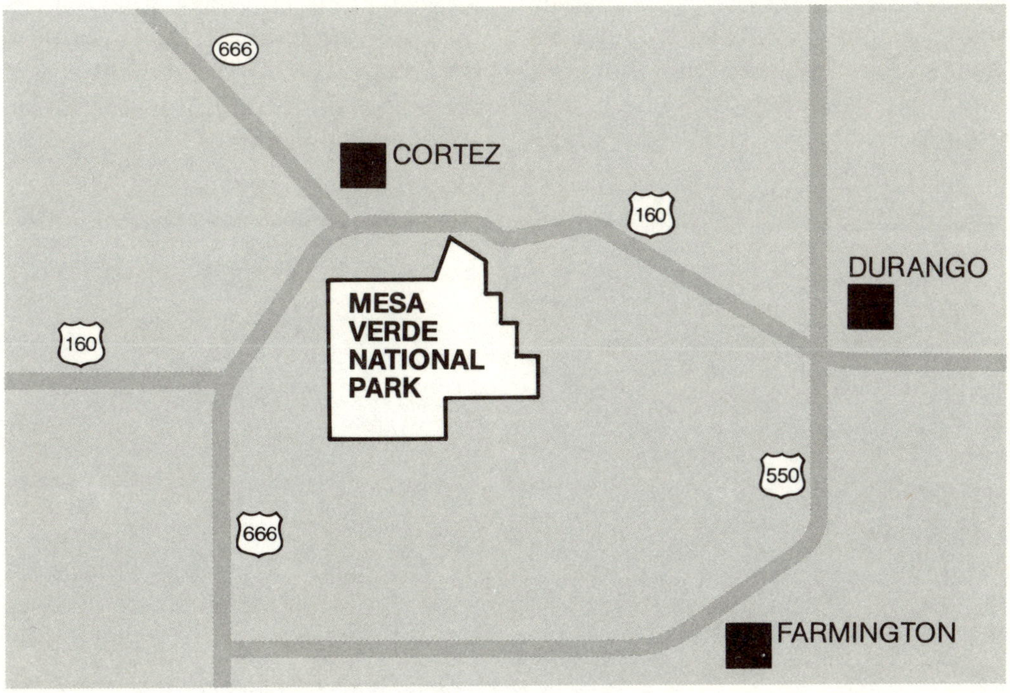

104 o *Mesa Verde, »Grüner Tisch«*, wurde von den Spaniern treffend so benannt. In den Wänden der steilen, bis zu 300 m tiefen Schluchten bildeten sich Halbhöhlen, in denen die Anasazi um 1200 bis 1300 n. Chr. die meisten ihrer Höhlenwohnungen errichteten.

104 u Der *Cliff Palace* liegt in einer 100 m langen, 18 m hohen und 27m tiefen Felshöhle. Über 200 Räume und 23 Kivas – runde, geheiligte Kultstätten – gaben bis zu 250 Bewohnern Lebensraum.

vielleicht Streitigkeiten unter den Bewohnern selbst gegeben haben könnte. Stichhaltige Beweise für all diese Theorien gibt es nicht. Wahrscheinlich haben mehrere unglückliche Umstände gleichzeitig dazu geführt, daß die Bewohner von Mesa Verde ihre Heimat verließen. Vermutlich zogen sie südwärts und wurden von anderen Kulturen absorbiert. Nach dem Ende der Anasazi-Kultur fiel Mesa Verde für fast 600 Jahre in einen ungestörten Dornröschenschlaf. Erst 1874 machte William Henry Jackson die ersten Fotografien einer Felsenwohnung in Mesa Verde, die damals eine Sensation auslösten, denn noch nie hatte man vorher von Höhlenwohnungen in Nordamerika gehört.

Als der Farmer und Amateur-Archäologe Richard Wetherill im Dezember 1888 auf der Suche nach entlaufenen Rindern völlig überraschend den sogenannten *Cliff Palace,* die größte Höhlensiedlung, fand, war dieser Augenblick der Höhepunkt in der Entdekkungsgeschichte von Mesa Verde. Begeistert und aufgeregt von dieser Entdeckung, suchte Richard Wetherill weiter und fand in den darauffolgenden Tagen andere Höhlenwohnungen. Bei den späteren Forschungen durch Archäologen waren Richard Wetherill und seine vier Brüder unentbehrliche Helfer.

Während die damaligen Entdecker nur unter größten körperlichen Anstrengungen ihr Ziel erreichen konnten, steht den heutigen Besuchern eine zwar kurvenreiche, doch gut ausgebaute Straße zur Verfügung, die sich auf das Hochplateau, das bis zu 2600 m ü.d.M. liegt, hinaufschlängelt und zu allen Aussichtspunkten führt.

Ein schmaler, steiler Weg führt mitten in die noch gut erhaltene Ruinenstadt des Cliff Palace hinein, und man erhält einen unmittelbaren Eindruck von den Wohnungen und Kultstätten der damaligen Bewohner.

Die Felshöhle, in welche der Cliff Palace hineingebaut wurde, ist fast 100 m lang, 18 m hoch und 27 m tief. In über 200 Räumen und 23 Kivas – geheiligten Kultstätten – haben 200 bis 250 Menschen gelebt. Die Kivas, die früher durch ein Dach geschlossen waren, fallen durch ihre kreisrunde Bauweise besonders auf. Der Cliff Palace ist die bedeutendste Ruinenstätte von Mesa Verde.

Weitere Ruinenstätten, die einen Besuch lohnen, sind: *Spruce Tree House,* eine der besterhaltenen Felssiedlungen mit 114 Räumen und 8 Kivas; *Square Tower House,* ein vierstöckiger Turmbau, das *Hochhaus* von Mesa Verde; *Sun Temple,* eine stattliche Kultstätte mit D-förmigem Grundriß; und *Balcony House,* eine Stätte, die wahrscheinlich so nur angelegt wurde, damit sie leicht zu verteidigen war.

Das *Chapin Mesa Museum* gibt einen ausgezeichneten Überblick über die Anasazi-Kultur und das Leben der damaligen Bewohner von Mesa Verde. In der Frühgeschichte Nordamerikas sind die Ruinenstätten von Mesa Verde ein absoluter Höhepunkt.

107 *Square Tower House,* ein vierstöckiger Turmbau, das *Hochhaus* von Mesa Verde.

108 Der *Cliff Palace* ist die bedeutendste Ruinenstätte von Mesa Verde. Er wurde im Jahre 1888 von dem Farmer und Amateur-Archäologen Richard Wetherill völlig überraschend entdeckt.

Meteor Crater
National Natural Landmark

Lage:
In der Mitte des Bundesstaates Arizona

Gründung:
1971 zur National Natural Landmark erklärt

Hauptsehenswürdigkeit:
Größter bekannter Meteoritenkrater der Erde

Als der Krater 1871 von den Weißen erstmals entdeckt wurde, schenkte man ihm keine besondere Beachtung, da man ihn zunächst für einen Vulkankrater hielt. Obwohl man in den folgenden Jahrzehnten in der Umgebung zahlreiche Meteoritenteilchen fand, änderte sich an dieser Auffassung nichts. Erst als der Bergingenieur D. M. Barringer 1902 von den Funden hörte, nahm er fest an, daß ein Meteorit den Krater gebildet habe und dieser noch zu finden sein müsse. Er erwarb das wertlose Land und gründete eine Gesellschaft, um das Metall des Meteoriten zu bergen. Fast 30 Jahre seines Lebens verbrachte Barringer mit der Erforschung des Kraters. Er führte viele Tiefbohrungen, darunter eine bis über 400 m, durch, die aber nicht den erwünschten Erfolg brachten. Erst neuere Forschungen, darunter auch gravimetrische Messungen, und das Auffinden Tausender Meteoritenstückchen in der Umgebung des Kraters, bestätigten den Einschlag eines Meteoriten. Der trichterförmige, fast kreisrunde Krater hat einen Durchmesser von 1265 m und ist 174 m tief; die größte Pyramide Ägyptens, die 146 m hohe *Cheops-Pyramide,* hätte hier ausreichend Platz. Der äußere Kraterrand ragt rd. 46 m aus der öden, flachen Ebene dieser Landschaft empor. Radioaktive Messungen ergaben, daß der Krater vor etwa 22 000 Jahren entstanden sein muß. Er liegt in einem Gebiet mit äußerst trockenem, wüstenhaftem Klima, das auch während der Eiszeiten nicht von Eismassen bedeckt war. Da es hier kaum Niederschläge gibt, die Wasserläufe entstehen lassen könnten, und fast keine Pflanzen wachsen, schreiten Verwitterung und Erosion nur sehr langsam fort, so daß sich der *Meteor Crater von Arizona* kaum veränderte. Er ist der größte und am besten erhaltene Meteoritenkrater der Erde und gilt als ein geologisches Naturwunder. Läge der Krater z. B. in Europa, wäre er durch Verwitterungsmaterial längst zugeschüttet.

Man nimmt an, daß der Meteorit wenigstens 1 Mill. t schwer war und mit einer Geschwindigkeit von mehreren Kilometern pro Sekunde mit einem Schwarm kleinerer Meteoriten schräg herabstürzte, beim Aufprall zerbarst und etwa 1,5 km durch die Gesteinsmassen hindurchschlug. Die meisten Wissenschaftler gehen davon aus, daß er aus nördlicher Himmelsrichtung kam.

Es wurden verschiedene Studien durchgeführt, um das Gewicht und die Geschwindigkeit des Meteoriten zu bestimmen; ihre Ergebnisse waren jedoch sehr unterschiedlich. Eine Veröffentlichung aus dem Jahre 1958, deren Überprüfung 1959 publiziert wurde, besagt, der Krater sei durch einen etwa 2 Mill. t schweren Körper aus Eisen von rd. 80 m Durchmesser entstanden, der mit einer Geschwindigkeit von etwa 19 km pro Sekunde – das sind rd. 68 000 km in der Stunde – eingeschlagen sei. Die Studie führt weiter aus, der größte Anteil der Masse des Meteoriten sei verdampft oder müsse mit kosmischer Geschwindigkeit vom Zentrum des Zusammenstoßes zurückgeschleudert worden sein und könne deshalb gar nicht in der Nähe des Kraters liegen – die kleinen Teilchen, die man bisher gefunden habe, seien unbedeutend gegenüber der riesigen Masse des Meteoriten. Seine Hauptmasse sei, so die Studie, in kleinste Partikel zerborsten, in die obere Atmosphäre eingedrungen und habe sich dann als feiner Staub über die gesamte Erdoberfläche verteilt. 1960 und 1962 hat man Coesit und Stishovit gefunden, Mineralien, die nur unter ungeheurem Druck aus Quarz entstehen können. Das war der Beweis, daß hier der Aufprall eines schweren, sehr schnellen Meteoriten stattgefunden haben musste. Das größte Meteoritenstück, das man bisher fand, wiegt rund 638 kg. Untersuchungen des Materials haben gezeigt, daß es 91 bis 92 % Eisen und 7 % Nickel enthält.

Die amerikanischen Astronauten trainierten in diesem Meteor-Krater für ihr Mondprogramm.

Eine gute Straße führt den Besucher bis auf den Kraterrand. Hier findet er auch ein interessant gestaltetes Museum, das ihn über die Geschichte des Meteor Crater von Arizona informiert.

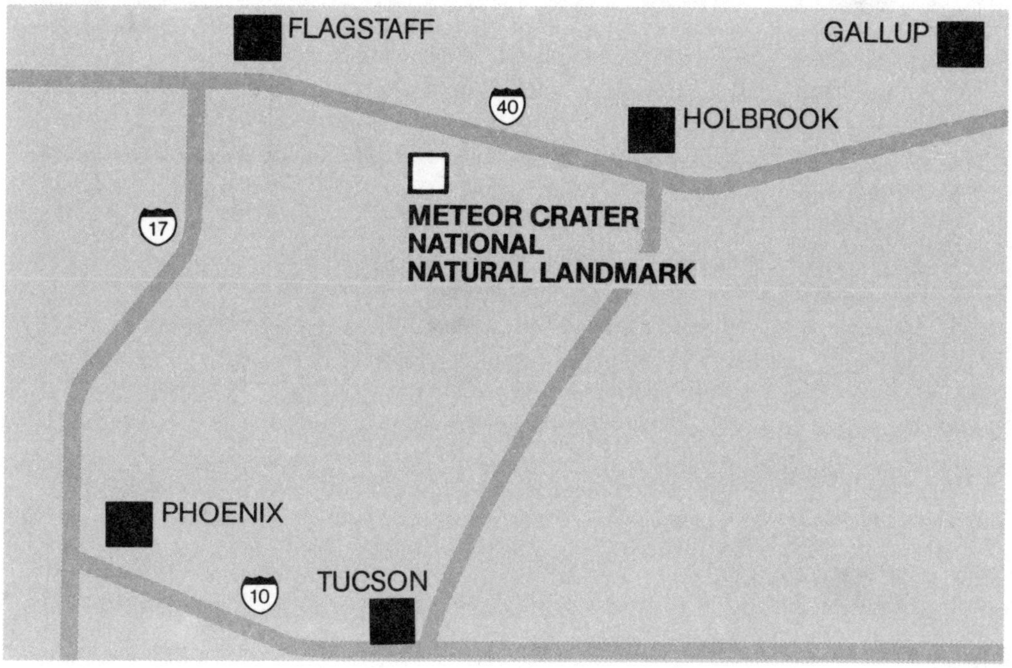

110 o + u Der trichterförmige, fast kreisrunde *Meteor Crater* von Arizona hat einen Durchmesser von 1265 m und ist 174 m tief. Die meisten Wissenschaftler nehmen an, daß der Meteorit aus nördlicher Himmelsrichtung kam.

Monument Valley
Navajo Tribal Park

Lage:
Im Nordosten des Bundesstaates Arizona, übergreifend auf den Bundesstaat Utah; auf dem mittleren Teil des Colorado Plateau

Größe:
Rd. 120 qkm

Gründung:
Seit 1960 Naturschutzgebiet unter indianischer Verwaltung der Navajos

Hauptsehenswürdigkeit:
Rostrote Felstürme

Das *Monument Valley – Tal der Monumente* – ist eine von der Natur eigenwillig geformte Landschaft. Es wird vielen aus berühmten Wildwest- und Kulturfilmen bekannt sein. So war dieses Tal für »Billy the Kid« und »Die Wüste lebt« eine beeindruckende Kulisse. Aus der weiten, wüstenhaften Ebene ragen steile Felsburgen, mächtige Tafelberge und schlanke Felsnadeln aus rostrotem Sandstein 300 bis 600 m empor. Gelbe Sanddünen, vom Wind ständig bewegt, sind Teil dieses Tales. Ruinen prähistorischer Siedlungen zeugen von der einst dichten Besiedlung des Monument Valley vor etwa 800 Jahren. Heute wohnen hier nur noch wenige Navajo-Indianer. Sie leben in ihren *Hogans,* Häusern aus Zweigen und Lehm. Ihre Schaf- und Ziegenherden finden nur karge Nahrung in diesem vegetationsarmen Gebiet. Dem Besucher bieten die Navajos selbstgefertigten Silberschmuck und Webarbeiten an, um ihren Lebensunterhalt ein wenig aufzubessern. Für die Indianer waren die steinernen, turmhohen Felsformationen Götter, wovon noch einige Namen der Felsen zeugen. Die Monumente sind aus sehr alten Gesteinen geformt. Die rostroten Felsen stammen aus der letzten Zeit des Paläozoikums, das vor etwa 230 Millionen Jahren endete. Sie tragen teilweise eine oberste Gesteinsschicht aus dem frühen Mesozoikum – das dem Paläozoikum folgte. Auch im Mesozoikum wurde das Land vom Meer im Wechsel überflutet, das seine Sedimente zurückließ; aber auch große Mengen von Sand und Geröll aus östlich gelegenen Gebirgen lagerten sich hier ab und bedeckten die alten Schichten. Im Känozoikum, das vor etwa 60 Mill. Jahren begann, wurde dann ein großes Gebiet, weit größer als das Monument Valley, durch innere Erdkräfte langsam angehoben. Durch den ungeheuren Druck zerbrach das Land in verschiedene Plateaus, zwischen denen Risse entstanden. Gleichzeitig mit der Anhebung begannen die Kräfte der Verwitterung und Erosion zu wirken. Die obersten Schichten wurden abgetragen, bis fast nur noch die Gesteinsschichten aus dem Paläozoikum übrigblieben, die später von jüngeren Formationen erneut überdeckt wurden. Vulkane lagerten ihre Lavamassen ab. Verwitterung und Erosion wirkten ununterbrochen fort. Die Risse und Spalten, die bei der Anhebung des Gebietes entstanden waren, vertieften und verbreiterten sich immer mehr, bis sie schließlich Canyons und einzelne Felsgruppen bildeten. Wo das Gestein weich war, wurde es besonders stark angegriffen und abgetragen, wobei der Wind, der heute noch für das Monument Valley charakteristisch ist, eine starke Rolle spielte. Die Canyons wurden immer weiter und die Abstände zwischen den einzelnen Felsgruppen immer größer, bis nur noch die heutigen Felsformationen übrigblieben. Sie konnten wegen ihrer härteren Gesteine der Erosion den größten Widerstand entgegensetzen – aber auch diese Monumente werden eines Tages den Kräften der Natur weichen müssen.
Das Gebiet des Monument Valley liegt 1600 m bis 2300 m ü. d. M. Eine etwa 26 km lange, unbefestigte Piste erschließt das Monument Valley und führt den Besucher zu den schönsten Aussichtspunkten. Schon am Eingang des Tals bietet sich ein großartiger Blick auf mächtige Felsburgen. Weitere Höhepunkte sind *Camel Butte, North Window, Artist's Point, Totem Pole* und *The Hub.*

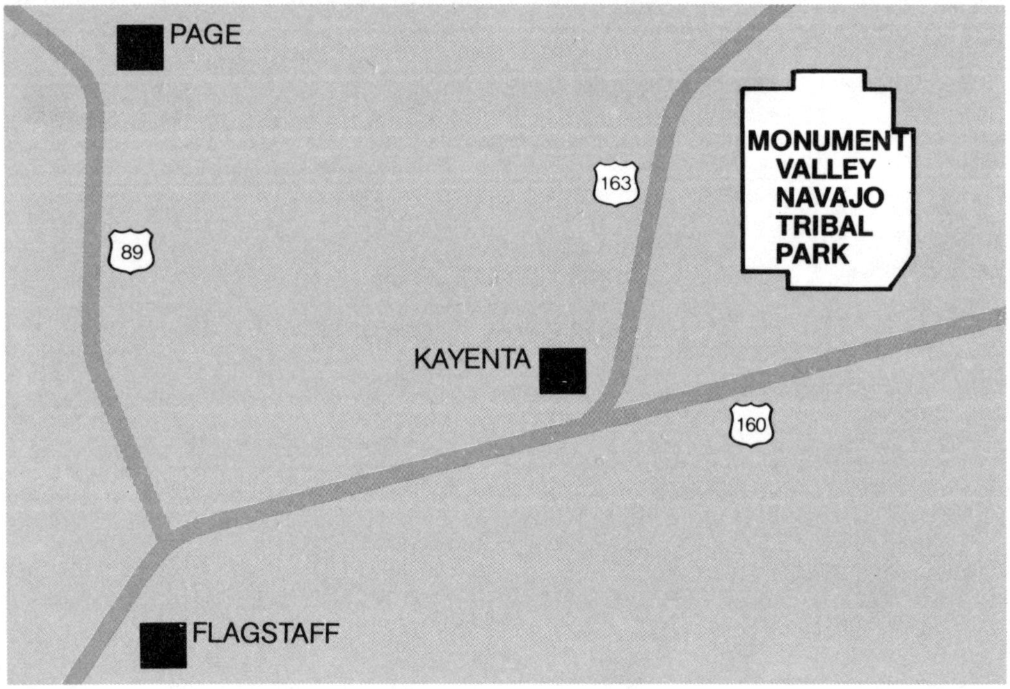

113 Die *Monumente* sind aus sehr alten Gesteinen geformt. Die rostroten Felsen stammen aus der letzten Zeit des Paläozoikums, das vor etwa 230 Mill. Jahren endete.

114 Aus der weiten, wüstenhaften Ebene ragen 300 bis 600 m hohe Felsburgen empor, die dem *Monument Valley* seinen Namen gaben – *Tal der Monumente.*

116 Blick vom *Artist's Point.* Die zerstörenden Kräfte der Verwitterung und Erosion formten im Laufe von Jahrmillionen die eindrucksvolle Landschaft, die auch für viele Filme eine berühmte Kulisse war.

118 Der Wind, der heute noch für das Monument Valley charakteristisch ist, spielte bei der Gestaltung dieser Landschaft eine starke Rolle. Er bläst die gelockerten Sandkörnchen von den Felsen und türmt sie an manchen Stellen zu Dünenfeldern auf. Man findet sie besonders ausgeprägt am Ende der Piste.

Mount McKinley
National Park

Lage:
In der Mitte des Bundesstaates Alaska; im Nordteil der Alaska Range

Größe:
Rd. 7850 qkm

Gründung:
Seit 1917 National Park

Hauptsehenswürdigkeit:
Mount McKinley, mit 6193 m höchster Berg der USA; interessante Tierwelt

Mount McKinley, in der *Alaska Range* gelegen, ist der höchste Berg des nordamerikanischen Festlands. *Denali, »Der Hohe«,* nannten ihn die Indianer, und ganz schlicht *»Der Berg«* nennen ihn die heutigen Bewohner Alaskas. Das majestätische Bergmassiv ist von ewigem Schnee und riesigen Gletschern bedeckt und ragt mit zwei Gipfeln, dem 6193 m hohen *South Peak,* seinem Hauptgipfel, und dem 5934 m hohen *North Peak* aus einer baumlosen Tundralandschaft empor. Der Gebirgsklotz besteht überwiegend aus Graniten. Die Entdeckung von Goldadern in seinem Gestein zu Beginn des 20. Jahrhunderts löste einen hektischen Goldrausch in Alaska aus. Andere hohe Berge, z. B. *Mount Foraker* mit 5304 m, der auch *Denali's wife, »Weib des Hohen«,* genannt wird, liegen im Gebiet des Nationalparks. Aus dem Gebirgsmassiv der Alaska Range kommen viele große Gletscher herab, von denen einige bis zu 50 und 60 km lang sind. Von den Doppelspitzen des Mount McKinley reicht der etwa 66 km lange *Muldrow Gletscher* bis auf 750 m ü.d.M. hinunter. Er hat eine Fläche von über 500 qkm und ist der größte nach Norden gleitende Gletscher Alaskas. Aus seinen Eismassen wird der *McKinley River* gespeist, der sich nach einigen Kilometern in ein breites Netz von Wasseradern und Flußarmen verzweigt, die sich später wieder in einem Flußbett vereinigen. Diese arktische Landschaft mit ihren grünen Wäldern, breiten Flüssen, graugrünen Tundren, blauen Seen und mit ihrer Schnee- und Gletscherwelt ist in ihrer Größe und Weite von erhabener Schönheit.

Starke Schneefälle, von den Winden des Pazifischen Ozeans zu Alaska Range herangeführt, speisen die vielen Gletscher, welche die Landschaft besonders stark formen, indem sie breite U-Täler, Moränen und Gletscherseen bilden.

Der kurze Sommer Alaskas läßt nicht viel Zeit für das Wachstum der Pflanzen und das Heranwachsen der Tiere, die für den strengen Winter gerüstet sein müssen. Oberhalb der Baumgrenze, die zwischen 750 und 900 m verläuft, liegt die graugrüne Tundra, die im Sommer farbige Blumentupfer schmücken. Das Wort *Tundra* stammt aus dem Finnischen und bedeutet *Land ohne Bäume.* Die Tundra ist ein arktisches Gelände mit Dauerfrostboden, der sehr tief in die Erde hinabreichen kann und im Sommer an seiner Oberfläche durch das Schmelzwasser des Eises versumpft. In der Tundra wachsen Moose, Flechten, zähe Gräser, Sträucher und Buschwerk, darunter niedrigste Weiden und Zwergbirken. An den Sträuchern gedeihen saure Beeren, welche für die Vögel wie für die Grizzly-

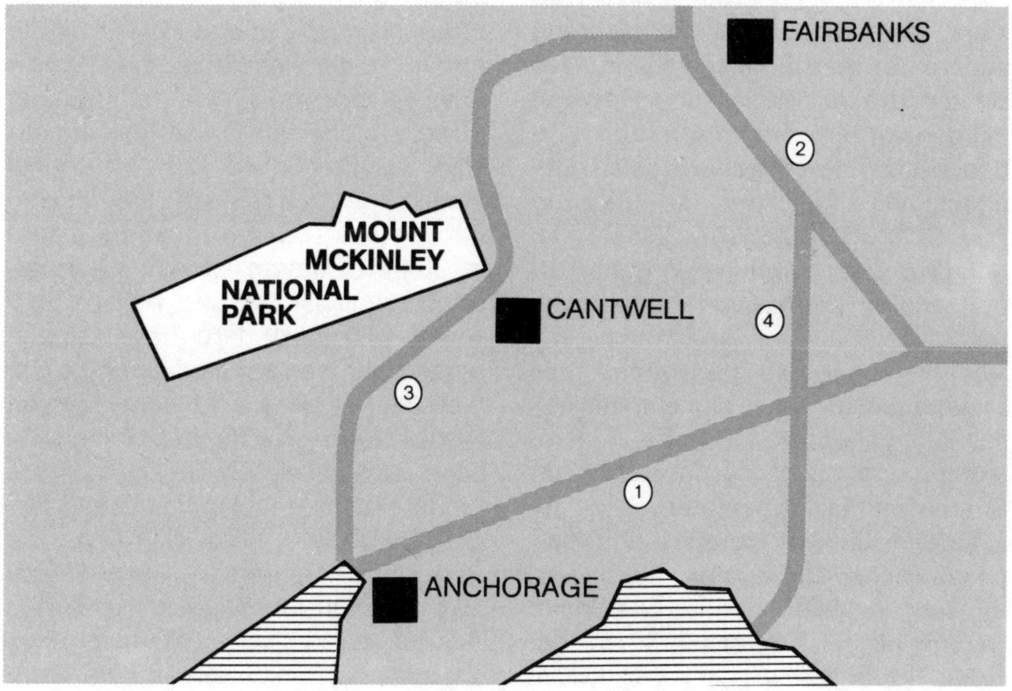

120 Die *Tundra* ist ein arktisches Gelände mit Dauerfrostboden, der sehr tief in die Erde hinabreichen kann und im Sommer an seiner Oberfläche durch das Schmelzwasser des Eises versumpft. Hier wachsen Moose, Flechten, zähe Gräser, Sträucher und Buschwerk. Im Hintergrund erhebt sich die *Alaska Range.*

bären eine beliebte Nahrung sind. Der Tundraboden ist karg und für lange Zeit gefroren. Die Pflanzen können aber nur Nahrung aus dem Boden ziehen, wenn die Temperaturen wenige Grade über dem Gefrierpunkt liegen. Die oberste Schicht des Bodens und seine Pflanzendecke werden von der Sonne aufgeheizt; ihre Temperaturen können bis zu 16°C höher sein als die der unmittelbar darüberliegenden Luftschicht.

Unterhalb der Baumgrenze wachsen überwiegend dichte Tannenwälder.

Im Mount McKinley National Park kann man eine reiche und vielfältige Tierwelt beobachten: Elche, Karibus und Dallschafe leben friedlich nebeneinander, ohne sich gegenseitig die kostbare Nahrung wegzunehmen. Die Elche durchstreifen die Wälder und ernähren sich von den Blättern der Bäume und Büsche.

Mehrere tausend Karibus ziehen im Sommer äsend über Tundra und Bergwiesen. Nachdem sie in den Waldgebieten im Norden und Westen überwintert haben, wandern sie zu Beginn des Frühlings durch den Mount McKinley National Park in Richtung Süden, um im Herbst wiederum durch den Park nach Norden zurückzukehren. Man trifft sie manchmal in größeren Herden, zu denen bis zu 400 Tiere gehören können. Auf ihrer Wanderung bleiben die Karibus kaum stehen, ständig äsen sie. Ihr Geruchssinn ist so stark ausgeprägt, daß sie Nahrung auch unter dem Schnee wittern. Weil sie die Gräser, Moose und Flechten mit den Vorderhufen freischarren, wurden sie von den Indianern *xalibu* genannt, *»das Tier, das die Nahrung vom Schnee freischarrt«*. Die Begegnung mit einer Karibuherde gehört zu den großen Erlebnissen im Nationalpark.

Das Dallschaf, ein Verwandter des Dickhornschafes, hat ein schneeweisses Fell. Es lebt in den hohen Felsregionen und steigt nur herab, wenn Schnee und Eis es gebieten. Diese geschickten Kletterer haben einen außergewöhnlichen Gleichgewichtssinn und ein sehr wachsames Auge. Die Böcke tragen dicke, schneckenförmig geschwungene Hörner, die bis zu 1,30 m lang werden können. Das Alter der Tiere läßt sich an den Jahresringen der Hörner ablesen. Etwa 3000 dieser anmutigen und flinken Tiere bevölkern das Parkgebiet.

Wölfe folgen oft den Herden der Elche, Karibus und Dallschafe. Drei Rudel mit zusammen etwa 50 Tieren leben im Nationalpark, sind aber nur äußerst selten zu sehen. Die in Alaska lebenden Wölfe gelten als die größten der Erde.

Der starke Grizzlybär durchstreift den Park, ständig auf der Suche nach Nahrung. Er hat oft ein graugetöntes, aber auch hellbeiges Fell, obwohl er zu den Braunbären gehört. Der Grizzly kann bis zu 2,50 m groß und bis zu 300 kg schwer werden. Nach dem Glauben der Shasta-Indianer schuf ihr Gott *Manitou* den Grizzlybären als übermächtiges Wesen, das aufrecht gehen kann und klüger ist als alle anderen Tiere. Manitou machte den Grizzly aber so stark und furchtlos, daß er selbst vor ihm fliehen mußte.

Luchse, Füchse, Schneeschuhhasen, Biber, Parka-Eichhörnchen, Wühlmäuse und Lemminge gehören zu den 37 Säugetierarten, die im Nationalpark leben. Mehrere Vogelarten, unter ihnen Raben, Eulen und die seltenen Steinadler, nisten in diesem Gebiet.

Eine rund 140 km lange Straße erschließt den Nordteil des Parks. Sie ist aber für den privaten Autoverkehr größtenteils gesperrt. Nur die ersten 20 km bis zum *Savage River* und die Anfahrt zu den Zeltplätzen sind für den Privatverkehr frei. Auf der übrigen Strecke steht den Besuchern ein kostenloser Bus-Service zur Verfügung.

Elche lassen sich am besten in der Umgebung des *Savage-River* beobachten. *Igloo-Canyon* ist ein guter Beobachtungsplatz für die weißen Dallschafe und für andere Tiere. Grizzlybären sieht man am häufigsten im Gebiet des *Sable Pass*. Vom *Eielson Visitor Center* aus bietet sich ein herrlicher Blick auf die Zwillingsspitzen des Mount McKinley und auf den Muldrowgletscher, der bis zu 1,5 km an die Parkstraße heranreicht. Vom *Highway Pass* hat man ebenfalls eine großartige Aussicht auf den Mount McKinley. Fast am Ende der Parkstraße liegt der *Wonder Lake*, in dem sich die gletscherbedeckte Silhouette der Alaska Range spiegelt.

Der Sommer schenkt dem Besucher 16 bis 20 Stunden Tageslicht, die er nutzen sollte, um die Vielfalt der arktischen Welt zu erleben.

Mount McKinley zeigt seine Gipfel meistens zwischen 3.00 und 6.00 Uhr morgens. Die weißen, vergletscherten Hänge schimmern im frühen Morgenlicht. Kurze Zeit später bilden sich oft Wolken, die ihn schließlich ganz verhüllen.

123 o l Den Tundraboden schmücken viele Blütenpflanzen. Hier sind es der rotlila *Lapland Rosebay, »Zwergrhododendron«* (Rhododendron lapponicum), und die cremeweiße *Eight-petaled Mountain Avens, »Silberwurz«* (Dryas octopetala).

123 o r *Karibus* ziehen in kleineren und größeren Herden durch den Park. Auf ihrer Wanderung bleiben sie kaum stehen, ständig äsen sie.

123 u Der *McKinley River* wird überwiegend aus den Eismassen des Muldrow-Gletschers gespeist.

124 – 126 *Grizzly-Bärin* mit ihren beiden Jungen. Der Grizzly kann bis zu 2,50 m groß und bis zu 300 kg schwer werden. Er hat oft ein graugetöntes, aber auch hellbeiges Fell. Er gehört zu den Braunbären. Die Bärin bringt 2 bis 3 Junge zur Welt, die sie liebevoll und wachsam 2 Jahre lang aufzieht und bei Gefahr mutig verteidigt.

128 Der 6193 m hohe *Mount McKinley* ist der höchste Berg des nordamerikanischen Festlands. Der von ewigem Schnee und riesigen Gletschern bedeckte Gebirgsklotz zeigt seine Spitze in rosa Licht kurz vor Mitternacht.

Mount Rainier
National Park

Lage:
Im mittleren Südwesten des Bundesstaates Washington; im nördlichen Teil der Cascade Range

Größe:
950 qkm

Gründung:
Seit 1899 National Park

Hauptsehenswürdigkeit:
Vulkankegel mit 41 Gletschern

Mount Rainier – eine mit Schnee und Eis überzogene, gleichmäßig geformte Kuppel, umsäumt von dunkelgrünen Wäldern, ragt 4392 m empor. Er ist ein gewaltiger Vulkan aus Lava und Tuffstein, von dessen dicker Eiskappe sich 41 Gletscher in die Täler hinunterschieben. Etwa 90 qkm Eis bedecken die weiten Hänge des Mount Rainier. Damit trägt er die größte Gletscherfläche eines alleinstehenden Berges in den USA, Alaska ausgenommen. Die Gletscher sind die Reste einer großen glazialen Bewegung, die wahrscheinlich vor etwa 10000 Jahren mit der letzten Eiszeit endete.

Mount Rainier ist der höchste von mehreren hohen ruhenden Vulkanen im Kaskadengebirge, die sich von Norden nach Süden wie eine Kette aneinanderreihen. Der nur 80 km südlich liegende Mount St. Helens brach nach über 100 Jahren 1980 wieder aus. Mount Rainier überragt die umliegenden Hochplateaus noch um 2400 m. Von seinen 41 Gletschern erhielten 27 Namen. Der größte, der *Emmons-Gletscher* an der Nordostflanke, ist etwa 7 km lang und 1,6 km breit. Der *Carbon-Gletscher* an der Nordseite ist mit rund 10 km der längste. Die Gletscher, die teilweise bis unter 2000 m hinabreichen, sind in ständiger Bewegung. Der *Nisqually-Gletscher* z.B. bewegt sich im Jahr zwischen 15 m bis 120 m weiter.

Westwinde treiben die Wolken vom Pazifischen Ozean heran. Ihre starken, im Winter bis zu 6 m hohen Schneefälle, speisen ständig die Gletscher des Mount Rainier. Durch ihr enormes Eigengewicht gleiten sie langsam zu Tal und bewegen sich dabei in der Mitte schneller als an den Kanten. Sie durchfurchen die Erde, schleifen rauhe Felsen glatt, nehmen von den Hängen herabfallendes Material auf und führen eine große Menge an Schutt, Geröll und Steinen mit sich, die später Gletschermoränen bilden.

Der Vulkan entstand im Känozoikum. Starke Eruptionen türmten ihn in den letzten Jahrmillionen auf. Seinen letzten großen Ausbruch hatte er vor etwa 2000 Jahren. Eigentlich ruht Mount Rainier nur, denn geringe Rauchaktivitäten in seinem Krater zeigen, daß dieser Bergriese auch heute noch nicht ganz erloschen ist.

Wanderer, Bergsteiger, Naturfreunde, aber auch Autoreisende finden hier paradiesische Landschaften mit einer reichen Tierwelt. Mehr als 50 Säugetierarten, darunter auch Bären, und 130 Vogelarten bevölkern den Park. Kurvenreiche Straßen führen durch ausgedehnte, dichte Nadelwälder mit Douglastannen, Rotzedern, Fichten und anderen Riesenbäumen des Südwestens und durch Wiesenmatten, auf denen die verschiedensten Wildblumen blühen.

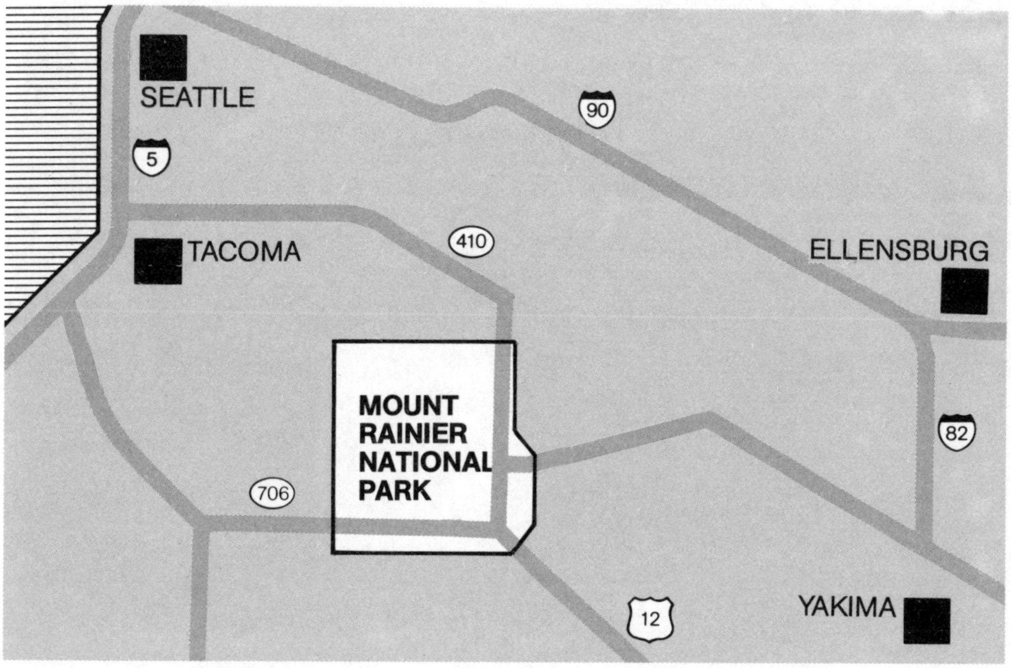

130 *Mount Rainier* ist mit 4392 m ein gewaltiger Vulkan aus Lava und Tuffstein, von dessen dicker Eiskappe sich 41 Gletscher in die Täler hinunterschieben.

Niagara Falls

Lage:
Im Westen des Bundesstaates New York

Gründung:
Seit 1885 gemeinsames Landschaftsschutzgebiet der USA und Kanadas; Niagara Frontier State Parks (USA) und Niagara Parks (Kanada)

Hauptsehenswürdigkeit:
Einer der größten Wasserfälle der Erde

Die Indianer nannten sie *Niagara, »Donnerndes Wasser«*, und das mit Recht, denn mit unvorstellbarem Getöse donnern die Wassermassen in die Tiefe. Das wohl meist besuchte Naturschauspiel der Erde liegt heute in zwei Ländern, den USA und Kanada.

Zwei riesige Wasserfälle, der geradlinige *Amerikanische Fall* und der *Kanadische Fall,* den man wegen seiner Form auch *Hufeisenfall* nennt, bilden einen breiten, rauschenden Wasservorhang. Während die Amerikanischen Fälle ganz auf amerikanischem Boden liegen, verläuft mitten durch die Kanadischen Fälle die Staatsgrenze. Beide Wasserfälle sind durch die Insel *Goat Island* voneinander getrennt und werden vom *Niagara River,* der insgesamt nur 54 km lang ist, gespeist. Der Niagara River kommt aus dem Lake Erie, der 174 m ü. d. M. liegt. Auf der Höhe der Goat Island beginnen die *Upper Rapids,* die *Oberen Stromschnellen,* die dem Niagarafluß eine so enorme Geschwindigkeit verleihen, daß seine Wassermassen an der Fallkante des Katarakts zunächst einige Meter waagerecht hinausgeschleudert werden, um dann in engem Bogen senkrecht hinabzustürzen.

Die brausenden Wassermassen ergießen sich auf einer Breite von 350 m, gemessen an der Wasserkante über die Amerikanischen Fälle, 51 m in die Tiefe. Über die Kanadischen oder Hufeisenfälle strömen die Wasser auf einer Breite von 790 m, gemessen an der Wasserkante, 49 m hinab. Aber nur 6% der gesamten Wassermassen fließen über die Amerikanischen Fälle, der Rest strömt über die Kanadischen oder Hufeisenfälle. Rund 5830 cbm Wasser ergossen sich in einer Sekunde über beide Wasserfälle, bevor der Niagarafluß von Wasserkraftwerken angezapft und die Wassermassen der Fälle dadurch immer geringer wurden. In einem Abkommen legten Amerikaner und Kanadier 1951 dann fest, daß im Sommer tagsüber mindestens 2830 cbm Wasser pro Sekunde über die Fälle fließen müssen, damit die touristische Attraktion erhalten bleibt.

Unterhalb der Wasserfälle biegt der Niagara River fast im rechten Winkel ab und durchfließt zunächst langsam eine Schlucht, die nur wenige hundert Meter breit ist. Nach etwa 3 km verengt sich dieser Flußcanyon, und die Wassermassen durchströmen die *Whirlpool Rapids, »Strudelbeckenschnellen«,* bis sie mit geballter Wucht gegen die Felsen des *Whirlpools* prallen. An dieser Stelle bildet der Fluß einen Riesenstrudel, ändert wieder seine Richtung im fast rechten Winkel, um dann in rasendem Lauf über die *Lower Rapids,* die *»Unteren Stromschnellen«,* zu schießen. Ab Lewiston verbreitert sich

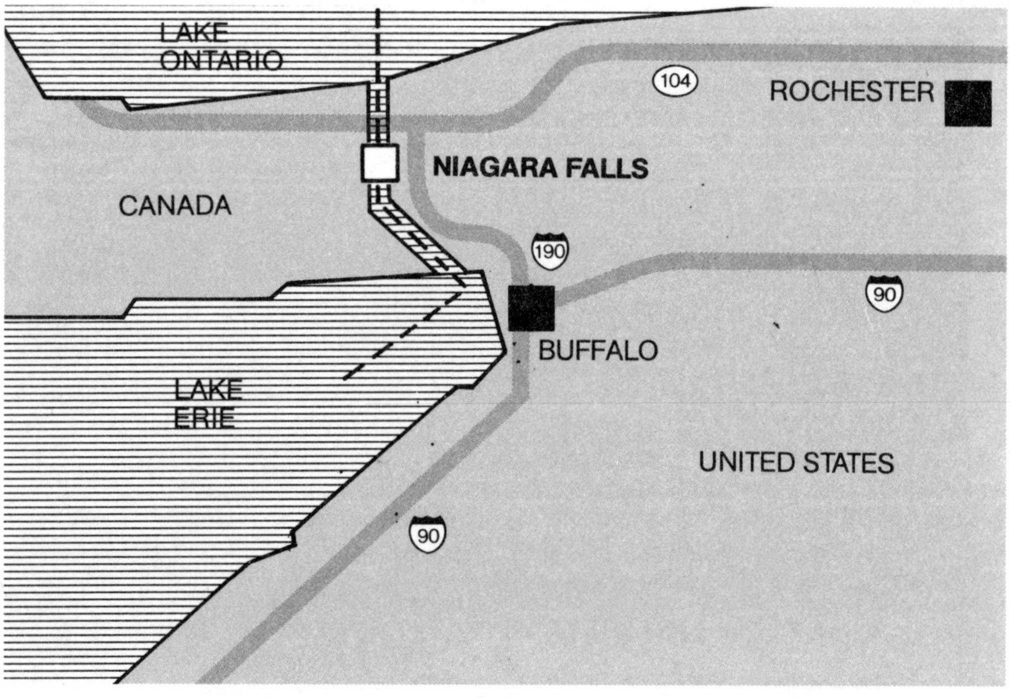

133 Die *Amerikanischen Fälle* ergießen sich auf einer Breite von 350 m rund 51 m in die Tiefe. Nur 6% der gesamten Wassermassen strömen über diese Fälle.

134 Über die *Kanadischen* oder *Hufeisenfälle* strömen die Wasser auf einer Breite von 790 m, gemessen an der Wasserkante, 49 m tief hinab. Durch ihre Mitte verläuft die Staatsgrenze zwischen den USA und Kanada.

das Flußbett, und nun fließt der Niagara River in ruhigem Lauf in den Lake Ontario, der nur noch 75 m ü. d. M. liegt. Rund 100 m Höhenunterschied hat der Fluß so auf seinem bewegten Lauf vom Lake Erie bis zum Lake Ontario überwunden. Die Niagara-Fälle fräsen sich immer weiter flußaufwärts in das Gestein ein. Man spricht von einer rückschreitenden Erosion. Der erste Niagara-Fall entstand bei Lewiston, etwa 11 km unterhalb der heutigen Wasserfälle, als sich die Eismassen in der letzten Eiszeit zurückzogen und den steilen Geländeabfall dort freigaben. Das war vor ungefähr 12000 Jahren, wie man durch Radiocarbonmessungen feststellte. Danach haben sich die Niagara-Fälle im Durchschnitt jährlich um rund 90 cm nach rückwärts eingeschnitten. Welche Strecke sie tatsächlich in einem Jahr zurücklegen, hängt von vielen Faktoren ab, z. B. von der unterschiedlichen Härte des Gesteins und davon, wieviel Wasser über die Katarakte fließt. Die Fallkante der Niagara-Fälle besteht aus einer harten, 25 m dicken Kalksteinschicht, auch *Niagara-Kalk* genannt. Unter dieser harten Schicht liegen viel weichere Gesteinsschichten, die beim Herabstürzen des Wassers von unten her weggespült werden. Die obere, harte Kalksteinschicht wird immer weiter unterspült, bis sie schließlich abbricht. So schreiten die Niagara-Fälle unaufhaltsam zurück, bis sie eines Tages den Lake Erie erreichen werden.

Während am Fuße der Amerikanischen Fälle große Felsbrocken liegen, hat sich am Boden der Kanadischen Hufeisenfälle durch den Aufprall des Wassers ein tiefes Becken gebildet. Das wußten auch die Abenteurer, die in waghalsigen Unternehmungen die Niagara-Fälle bezwingen wollten. Schon vor etwa 150 Jahren begannen sie, die tollkühnsten Ideen zu verwirklichen: sie fuhren in Booten über die Fälle, überquerten sie auf einem Drahtseil, ließen sich in einem mit Stahlbändern verstärkten Holzfaß und in einem 150 Pfund schweren Gummiball über die Hufeisenfälle hinabfallen und fuhren in einer Konstruktion aus Reifenschläuchen hinunter. Andere durchschwammen die Whirlpool Rapids. Viele dieser Versuche endeten tödlich oder mit mehr oder weniger schweren Verletzungen, einige kamen ungeschoren davon.

Leider liegen diese einmaligen Wasserfälle heute in einer vom Menschen geschaffenen, künstlichen Umgebung. Parkanlagen, Aussichtstürme, Hotels, Restaurants, Wasserkraftwerke, Parkplätze, Straßen und die nahen großen Städte verdrängten den natürlichen Rahmen der Niagara-Fälle.

Besucher können mit dem Boot an die tosenden Wasser heranfahren, sie auf Aussichtsterrassen hautnah erleben, sie im Hubschrauber überfliegen, sie von einer Luftseilbahn aus betrachten, mit Fahrstühlen moderne Aussichtstürme erklimmen, um das Naturschauspiel von oben zu bestaunen, das bei Nacht farbig illuminiert ist. Trotz des touristischen Rummels sind die Fälle auch heute noch für jeden Naturliebhaber ein großes Erlebnis, denn die *Donnernden Wasser,* deren weiße Schleier sich hoch in den Himmel heben, lassen die künstliche Umgebung vergessen.

136 Abenteurer versuchten schon vor 150 Jahren in waghalsigen Unternehmungen die *Hufeisenfälle* zu bezwingen, wobei viele ihr Leben verloren. Heute kann der Besucher mit einem Boot sicher an die tosende Gischt heranfahren.

Olympic National Park

Lage:
Im Nordwesten des Bundesstaates Washington; auf der Olympic Peninsula

Größe:
Rd. 3680 qkm

Gründung:
Seit 1909 National Monument, seit 1938 National Park

Hauptsehenswürdigkeit:
Vergletscherte Hochgebirgslandschaft, Regenwälder, felsige Küste, reiche Tierwelt

Schneebedeckte, vergletscherte Gebirge und ausgedehnte, dichte Regenwälder liegen mitten auf einer Halbinsel im nordwestlichsten Teil der USA und bilden das Kernstück des Olympic National Park. Ein schmaler, 80 km langer Küstenstreifen am Pazifischen Ozean gehört zu diesem Naturschutzgebiet. Über 60 Gletscher bedecken die Gebirge, und allein der *Mount Olympus,* der mit 2428 m das gesamte Gebiet überragt, hat sechs große, teils weiße, teils blaue Gletscher. Sie sind Reste der Eiszeiten, deren Eismassen sich hier zum letzten Mal vor etwa 11000 Jahren zurückzogen. Im Westen dieses Gebietes können mehr als 4000 Millimeter Niederschläge im Jahr fallen. Es verwundert deshalb nicht, daß die hier wachsenden *Regenwälder* undurchdringlicher sind als mancher tropische Regenwald. Wenn die Sonnenstrahlen durch das grüne Dach der Wälder dringen, erscheint das Licht hellgrün, es fällt auf das dichte Unterholz aus Farnen, Moosen, vermodernden Ästen und Stämmen und huscht über Büsche und Bäume, die mit Flechtgirlanden bewachsen sind.

Vier außerordentlich große Nadelbaumarten beherrschen die Regenwälder: die Sitkafichte, die man an ihren scharfen, silbergrünen Nadeln erkennt; die Schierlings- oder Hemlocktanne mit ihrer dunklen, rostbraunen Rinde und ihren vielen kleinen Zapfen an den Enden ihrer Zweige; die Rotzeder, mit ihrer faserigen, zimtroten Rinde und die stattliche Douglastanne. Sie erhielt ihren Namen nach dem schottischen Botaniker David Douglas, der sie zwar nicht entdeckte, aber ein erstes Exemplar mit nach England brachte. Die Douglastanne wird bis zu 75 m, manchmal bis zu 90 m hoch.

Diese unberührte Oase der Natur ist ein Paradies für Tiere. Viele Vogelarten und über 50 Säugetierarten, darunter Schwarzbären, Pumas, Stinktiere und Murmeltiere, bevölkern das Naturschutzgebiet. Eine große Herde von 5000 Wapitihirschen durchzieht den Park. An der felsigen Küste, der viele kleine Inseln vorgelagert sind, nisten Tausende von Seevögeln. Robben, Wale und Delphine halten sich in küstennahen Gewässern auf.

Der etwa 530 km lange *Olympic Peninsula Scenic Drive* führt außerhalb des Nationalparks um die ganze Halbinsel herum. Von ihm verlaufen viele Stichstraßen in die wilde Natur des Olympic National Park. Die Regenwaldgebiete am *Hoh-, Queets-* und *Quinault*-River und die *Pazifikküste* sind besondere Höhepunkte für den Besucher. Ein großartiger Blick auf den 2428 m hohen *Mount Olympus* bietet sich vom *Obstruction Point* (1966 m) im nördlichen Teil des Parks. Man erreicht den Aussichtspunkt über eine Fahrstraße von *Port Angeles* über *Hurricane Ridge.*

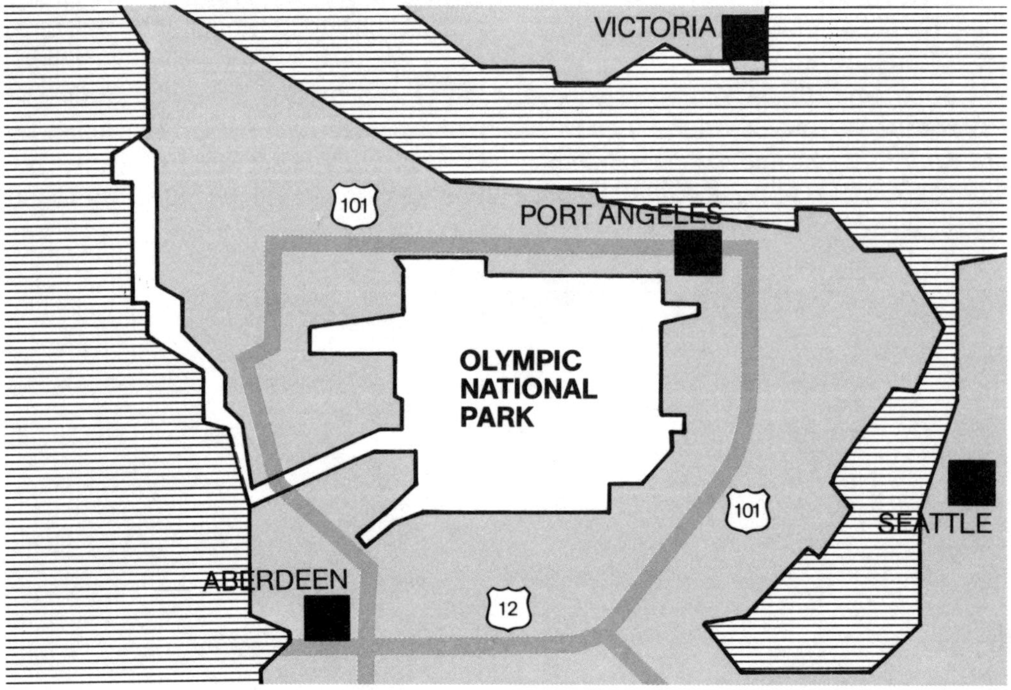

139 *Regenwald* im Tal des *Quinault-River.*
Im Westen des Parks können mehr als 4000 Millimeter Niederschläge im Jahr fallen. Die hier wachsenden Regenwälder sind undurchdringlicher als mancher tropische Regenwald.

Petrified Forest
National Park

Lage:
Im Nordosten des Bundesstaates Arizona; auf dem Colorado Plateau

Größe:
Rd. 380 qkm

Gründung:
Seit 1906 National Monument, seit 1962 National Park

Hauptsehenswürdigkeit:
Versteinerte Wälder und farbige Wüste

140 o *Long Logs.* Im Nationalpark findet der Besucher die größte Anzahl versteinerter Bäume, die überhaupt bekannt ist, darunter einige der längsten versteinerten Baumstämme der Erde.

140 u Man muß schon genau hinsehen oder prüfend anfassen, um zu erkennen, daß es sich nicht um Holzstämme, sondern um versteinerte Bäume handelt, so naturgetreu sehen sie aus. Mineralien brachten die schönen Färbungen hervor.

Wer zum erstenmal vom *Petrified Forest*, vom *Versteinerten Wald* hört, denkt vielleicht an ein Märchen, in dem eine Fee mit ihrem Zauberstab einen Wald berührt und diesen in Stein verwandelt hat. Selbstverständlich steht hier kein versteinerter Wald, und auch eine Fee hat nicht gezaubert, sondern ganz natürliche Entwicklungen über Jahrmillionen haben hier gewirkt. Dennoch wird der Besucher von diesem Nationalpark »verzaubert« sein.

Im Petrified Forest National Park gibt es die größte Anzahl versteinerter Bäume, die man bisher kennt, darunter einige der längsten versteinerten Baumstämme der Erde. Obwohl der Besucher heute nur trockene Wüstengebiete vorfindet, ist doch fast alles durch Wasser entstanden.

Die versteinerten Bäume, wie wir sie heute im Park sehen, stammen aus der sogenannten *Chinle Formation* und wurden erst in unserer Zeit von der Erosion freigelegt. Diese Formation ist etwa 200 Mill. Jahre alt und wurde zu Beginn des Mesozoikums, das vor etwa 230 Mill. Jahren begann und vor etwa 60 Mill. Jahren endete, aufgebaut. Sie wurde überwiegend aus Flußablagerungen aufgeschichtet, aus denen im Laufe der Zeit eine Vielzahl von Sedimentgesteinen entstand. Die meisten sind weiche, feinkörnige Gesteine aus Lehm und Ton, einige sind härtere und grobkörnige Sandsteine und Konglomerate.

Verwitterung und Erosion formen aus den unterschiedlich harten Schichten der Chinle Formation eine abwechslungsreiche Landschaft mit Canyons, Tafelbergen und Kegeln. Härtere Gesteine wie Sandsteine und Konglomerate widerstehen der Erosion besser und werden zu Tafelbergen und Kliffen. Die weicheren Ton- und Lehmschichten verwittern schneller und bilden schräge Hänge. Wenn die auf weichen Schichten ruhenden, härteren Gesteinsschichten abgetragen sind, entstehen runde, kegelförmige Hügel. Die Chinle Formation kann man leicht an den auffallenden, verschiedenfarbigen, waagerecht übereinanderliegenden Gesteinsschichten erkennen. Die Farben entstanden durch Minerale und ihre Zusammensetzungen, die in weiße und hellfarbige Ablagerungen, darunter graue und blaue Tone, eingebettet wurden. Eisenoxide färben z. B. rot; in verschiedener Konzentration in den Ablagerungen enthalten, bringen sie alle Nuancen an Rottönen hervor. Wegen der breiten Farbpalette nennt man dieses Gebiet *Painted Desert, »Farbige Wüste«*.

Die Chinle Formation ist ungefähr 100 m dick. Sie wurde im weiteren Verlauf des Mesozoikums von jüngeren Meeres- und Flußablagerungen über-

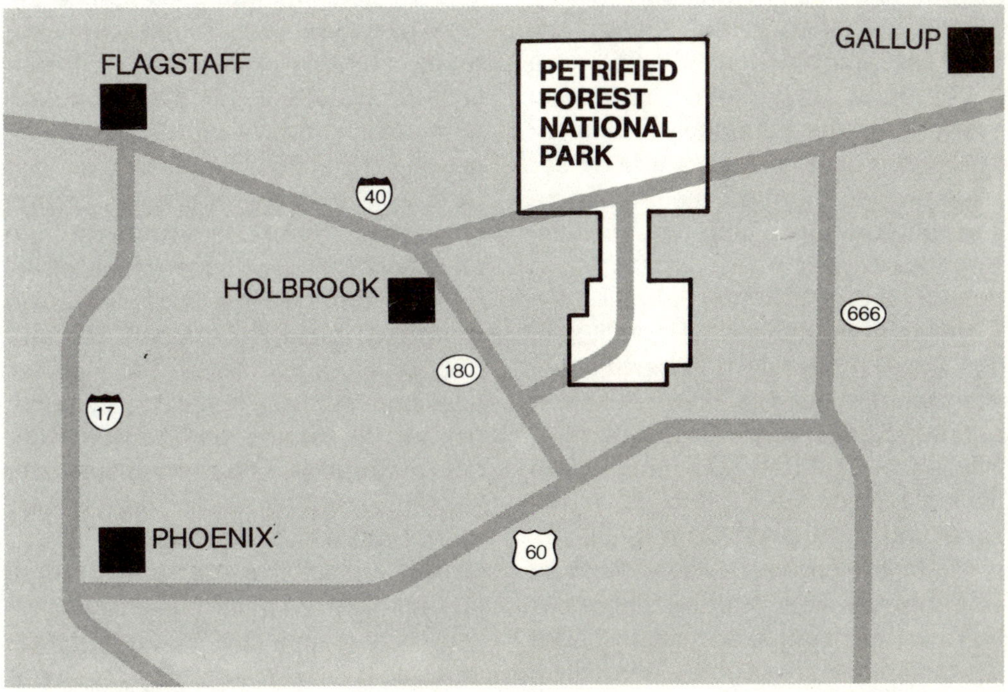

deckt, die bis zu 900 m anwuchsen. Während des Känozoikums, das vor etwa 60 Mill. Jahren begann, wurde das ganze Gebiet langsam angehoben, und Verwitterung und Erosion trugen die 900 m dicke Schicht bis auf wenige Überreste wieder ab. Die Erosion kam vor ungefähr 11 Mill. Jahren zum Stillstand, als das Gebiet von einem Binnensee bedeckt wurde und Flüsse neue Gesteins- und Geröllmassen ablagerten. Als die Flüsse später ihren Lauf änderten, trocknete der See aus, und die Erosion begann von neuem. Selbst zwischenzeitliche Vulkanausbrüche konnten sie nicht aufhalten. Heute ist sie so weit fortgeschritten, daß sie tiefe Canyons in die Chinle-Schicht eingeschnitten hat und die seit fast 200 Mill. Jahren vergrabenen, versteinerten Bäume wieder freilegt. Sie gaben dem Petrified Forest National Park ihren Namen.

Wie aber kamen die vielen Baumstämme in die Chinle-Schicht und wie versteinerten sie?

Als die Schicht vor 200 Mill. Jahren aufgebaut wurde, war dieses Gebiet ein flaches, seichtes Sumpfland, das von zahlreichen Flüssen durchzogen wurde, die ihren Lauf oft veränderten, je nachdem, ob eine trockene oder feuchte Klimaperiode herrschte. Zu jener Zeit lebten hier viele Tiere, und es gedieh eine üppige Pflanzenwelt mit Schachtelhalmen, Farnen und zapfentragenden hohen Nadelbäumen. Die meisten Bäume gehörten zur Gruppe der *Araucarioxylon,* einer entfernten Verwandten der heutigen Araukarien; sie wurden bis zu 60 m hoch. 90 % der versteinerten Stämme, die man heute im Park vorfindet, stammen von diesem Baum.

Umstürzende Bäume, aber auch Baumstämme, die aus den umliegenden Gebieten von den Flüssen hier angeschwemmt wurden, lagerten sich an seichten Stellen in großer Zahl ab. Die Flüsse bedeckten sie mit ihren Schlammassen aus Lehm, Ton und Sand und schlossen sie luftdicht ab, so daß sie nicht vermodern konnten. Im Laufe der Zeit lagerten sich mehr und mehr Sedimente ab, und unzählige Baumstämme, aber auch andere Pflanzen sowie Tierkadaver, wurden in der anwachsenden Schicht eingeschlossen, bis die 100 m dicke Chinle-Schicht aufgebaut war. Der größte Teil der Ablagerungen wurde von den Flüssen aus vulkanischen Gebieten herangebracht, also aus Gegenden mit »sauren« vulkanischen Gesteinen, die viel Kieselsäure enthielten. Das durchsikkernde Wasser nahm aus den sauren Ablagerungen die Kieselsäure auf und durchdrang die eingeschlossenen Baumstämme.

In trockeneren Klimaperioden setzte sich die Kieselsäure in den Zellen der Baumstämme ab und bildete dort winzige Quarzkristalle. Dehnten sich die Kristalle in den Zellen und Hohlräumen aus, ohne sie zu zerstören, entstand ein getreues Duplikat der Struktur des Holzes und somit des gesamten Baumes. Wurden die Zellwände des Holzes aber aufgelöst, füllten die wachsenden Kristalle den gesamten Hohlraum aus, und nur die Form des Baumstammes blieb erhalten. Viele Baumstämme weisen beide Arten der Versteinerung auf. Das Wasser, das die Baumstämme durchdrang, enthielt neben Kieselsäure auch noch andere Mineralien, welche die schönen Färbungen hervorbrachten. Jeder kleinste Teil eines Stammes nahm die Mineralien unterschiedlich intensiv auf, so daß ein buntes Abbild des Baumstammes entstand. Eisenverbindungen ergaben die verschiedenen Rot-, Braun- und Gelbtöne; Mangan und Kohle färbten schwarz; Kupfer ergab Blau und Blaugrün; Weiß- und Grautöne sind die eigenen Farben des Quarzes.

Dort, wo die Baumstämme Hohlräume und Risse hatten, konnten sich die Quarzkristalle ungehindert ausbreiten, und es entstanden Halbedelsteine wie Amethyst, Achat, Rosenquarz, Karneol und andere. Einst zerstörten Händler und Sammler die Bäume mit Dynamit, um an die Steine heranzukommen; dieses traurige Geschehen war mit ausschlaggebend dafür, das Gebiet unter Naturschutz zu stellen.

Es fällt auf, daß fast alle Baumstämme in mehr oder weniger dicke Scheiben zerbrochen sind. Die Brüche entstanden, als das Land angehoben wurde

143 o + u *Jasper Forest Overlook.* Die Erosion gibt die seit etwa 200 Mill. Jahren begrabenen, versteinerten Bäume heute wieder frei. Fast alle Stämme sind in mehr oder weniger dicke Scheiben zerbrochen. Die Brüche entstanden bei der Anhebung des Landes. Viele Baumstämme stecken noch teilweise in der Erde, andere sind die Talsenken hinabgerollt.

144 *Blue Mesa.* Die etwa 200 Mill. Jahre alte Chinle Formation, in der die versteinerten Bäume eingebettet sind, ist eine etwa 100 m dicke Schicht. Sie ist leicht an den auffallenden, verschiedenfarbigen, waagerecht übereinanderliegenden Gesteinsschichten zu erkennen. Die Farben entstanden durch Minerale.

146 Bei Sonnenaufgang bietet sich vom *Kachina Point* ein großartiger Blick auf die *Painted Desert.* Eisenoxide gaben den unzähligen Hügeln die rostrote Farbe.

148 o Interessante Felsgravierungen findet man in der Nähe der *Puerco Indian Ruins,* einer Ruinenstätte aus der prähistorischen Anasazi-Kultur, die um 1350 n. Chr. verlassen wurde.

148 u Detail einer Felsgravierung am *Newspaper Rock.* Auf Sandsteinblöcken, die eine dünne schwarze Oberfläche bildeten, wenn sie lange Zeit der Verwitterung ausgesetzt waren, ritzten die damaligen Bewohner Zeichen und Figuren ein, deren Bedeutung noch ungeklärt ist.

und die Erdbewegungen feine Risse in den Stämmen verursachten, die sich später, nachdem die Bäume durch die Erosion freigelegt worden waren, verbreiterten. Baumscheiben und Baumstämme liegen in großen Mengen an vielen Stellen des Parks. Zum Teil sind sie in die Talsenken hinabgerollt; andere stecken noch teilweise in der Erde oder balancieren auf schwachen Erdpodesten, bis auch sie eines Tages den Hang hinunterfallen werden. Versteinertes Holz ist äußerst schwer, 1 cbm wiegt rund 2,7 t. Man muß schon sehr genau hinsehen oder prüfend anfassen, um zu erkennen, daß es sich nicht um Holzstämme, sondern um versteinerte Bäume handelt – so naturgetreu sehen sie aus. Auch heute noch werden immer wieder neue versteinerte Baumstämme im Park freigelegt, denn Verwitterung und Erosion arbeiten stetig weiter.

Etwa 40 Pflanzenarten, überwiegend die Blätter verschiedener Farne, konnte man durch gefundene Fossilien in der Chinle Formation bestimmen. Sie haben sich meist als feine Abdrücke erhalten, die entstanden, wenn das organische Material der Pflanze durch den Druck der über ihr liegenden Gesteinsschichten hinausgepreßt wurde und nur die dünne, zähe Außenhaut der Pflanze erhalten blieb. Auch Fossilien von Amphibien, Reptilien und sogar von einem Lungenfisch wurden im Park gefunden.

Viele Ruinen der prähistorischen Anasazi-Kultur, die aus der Zeit von 300 bis 1 400 n. Chr. stammen, wurden im Park entdeckt. Man fand Grundrisse von Wohnungen und interessante Felsgravierungen. Auf Sandsteinblöcken, die eine dünne schwarze Oberfläche bildeten, wenn sie lange Zeit der Verwitterung ausgesetzt waren, ritzten die damaligen Bewohner Zeichen und Figuren ein, deren Bedeutung noch ungeklärt ist.

Folgt man der 43 km langen Park Road, erreicht man alle Sehenswürdigkeiten des Parks. Sie führt mitten durch die *Painted Desert, »Farbige Wüste«,* in der überall versteinerte Bäume liegen. Am Südeingang befindet sich ein kleines sehr interessantes Museum, ganz in der Nähe liegt der längste versteinerte Baum des Parks. Nahebei beginnt der *Long Logs Trail,* ein Fußweg, der an besonders großen und langen versteinerten Bäumen vorbeiführt. Weiter nördlich berührt die Straße u. a. *Jasper Forest Overlook* und *Agate Bridge.* Bei *Blue Mesa* ist die farbige *Chinle-Schicht* mit teilweise freigelegten versteinerten Baumstämmen besonders gut zu erkennen.

Newspaper Rock und *Puerco Indian Ruins* sind Zeugen aus der prähistorischen *Anasazi*-Kultur. Im Nordwesten liegt der 1 900 m hohe *Pilot Rock,* die höchste Erhebung des Naturschutzgebietes. Ganz im Norden des Parks erreicht die Straße *Kachina Point,* einen Aussichtspunkt über die nördliche *Painted Desert.* In den frühen Morgen- und späten Abendstunden bietet sich hier ein großartiger Blick auf unzählige, in dunklen Rottönen schimmernde kahle Hügel, die sich bis zum fernen Horizont erstrecken, und die tief stehende Sonne verändert von Minute zu Minute das Farben- und Schattenspiel der unendlich weiten Wüste.

Schon aus Respekt vor dem ungeheuren Alter der versteinerten Bäume, die etwa 200 Millionen Jahre als sind, sollte jeder Besucher seinen Sammeleifer vergessen, damit auch spätere Generationen dieses Wunder des Petrified Forest noch erleben können.

Rainbow Bridge
National Monument

Lage:
Im Süden des Bundesstaates Utah; am Südufer des Lake Powell

Größe:
Rd. ½ qkm

Gründung:
Seit 1910 National Monument

Hauptsehenswürdigkeit:
Größte bekannte natürliche Felsbrücke der Erde

In der Form eines weiten Regenbogens wölbt sich die *Rainbow Bridge,* eine lachsrosa, massive, von der Natur symmetrisch geformte Brücke in einer engen Felsenschlucht über einen schmalen Wasserarm des Lake Powell. Sie ist wohl der schönste und anmutigste Brückenbogen, den die Natur durch Verwitterung und Erosion über Jahrtausende geschaffen hat. Mit 84 m Spannweite und 88 m Höhe ist sie die größte bekannte Natursteinbrücke der Erde. An der höchsten Stelle ihres Bogens ist sie 13 m dick. Erst Anfang unseres Jahrhunderts wurde diese geologische Rarität bei der Erforschung des Landes entdeckt.
Nach einer Legende der Indianer erhielt die Brücke ihren Namen, weil ihr Gestein einen glänzenden Schimmer hat, der in den späten Nachmittagsstunden besonders stark hervortritt. Die dunklen Streifen auf der Gesteinsoberfläche des Brückenbogens stammen von Eisenoxiden, die, vom Regen aus dem Gestein gelöst, die Felswände hinablaufen. Das Gebiet, in dem die Rainbow Bridge ihren Bogen spannt, besteht aus verschieden harten Sandsteinen, die sich vor langer Zeit bildeten. Flüsse durchzogen einst eine weite Schwemmlandschaft und lagerten Sand, Lehm und Schlamm in dünnen Schichten ab. Die Ablagerungen verfestigten sich durch einsickernde Bindemittel und durch den Druck darüberliegender Erdmassen. Eisenoxide färbten die Ablagerungen, die man als *Kayenta-Formation* bezeichnet, rotbraun. Auf ihr steht heute die Rainbow Bridge.
Über der Kayenta-Formation liegt der lachsrosa *Navajo-Sandstein.* Er bildete sich aus ungeheuren Sandmassen, die der Wind aus Westen und Nordwesten heranwehte und die sich im Laufe der Zeit nur leicht verfestigten. Die Rainbow Bridge und die Canyonwände, zwischen denen sie ihren Bogen spannt, bestehen aus diesem Navajo-Sandstein.
In den folgenden fast 100 Millionen Jahren wurde das Gebiet vom Meer überspült, war Wüste, Sumpfland und wurde von Flüssen durchzogen. Schließlich war eine etwa 1 500 m dicke Schicht über dem Navajo-Sandstein abgelagert.
Seit Beginn des Känozoikums vor etwa 60 Millionen Jahren wurde das Land immer mehr angehoben, und die über dem Navajo-Sandstein liegenden Schichten wurden fast völlig wieder abgetragen. Die Flüsse schnitten sich nun in die alten Gesteinsschichten des Navajo-Sandsteins ein, wobei sie große Mäanderschleifen bildeten, bis sie auf die härtere Kayenta-Formation stiessen.
Der Canyon, in dem die Rainbow Bridge steht, wurde vom *Bridge-Fluß* eingesägt. Nachdem er die harte Kayenta-Formation erreichte, konnte er sich nicht mehr so schnell einschneiden. Er begann die Canyonwände zu unterspülen und erweiterte sein Flußbett. Dadurch wurden die Felsnasen der Mäanderschleifen immer dünner, bis der Fluß schließlich an der Basis einer freistehenden Felsnase ein Loch herausgespült hatte, das im Laufe der Zeit immer größer wurde. Verwitterung und Erosion schritten immer weiter fort, bis schließlich nur noch ein Felsbogen aus den härteren Gesteinen des Navajo-Sandsteins übrigblieb – der Natursteinbogen der Rainbow Bridge war damit entstanden.
Die kühn geschwungene Felsbrücke liegt etwa 1 100 m ü. d. M. am Südufer des Lake Powell. Obwohl sie in einer der abgelegendsten Gegenden der USA liegt, kann man sie heute bequem mit dem Boot erreichen.
Von Page aus fahren Tourenboote in einer Tagestour zur Rainbow Bridge. Man kann sich auch ein kleines Motorboot mieten und selbst hinfahren, denn der Weg ist durch Bojen sehr gut markiert. Schon die etwa zweistündige Fahrt (rund 80 km) auf dem aufgestauten, tiefblauen Lake Powell bis zur *Bridge Canyon Landestelle* ist ein großes Erlebnis. Von hier führt ein kurzer Weg von nur 400 m unmittelbar an die Rainbow Bridge heran.

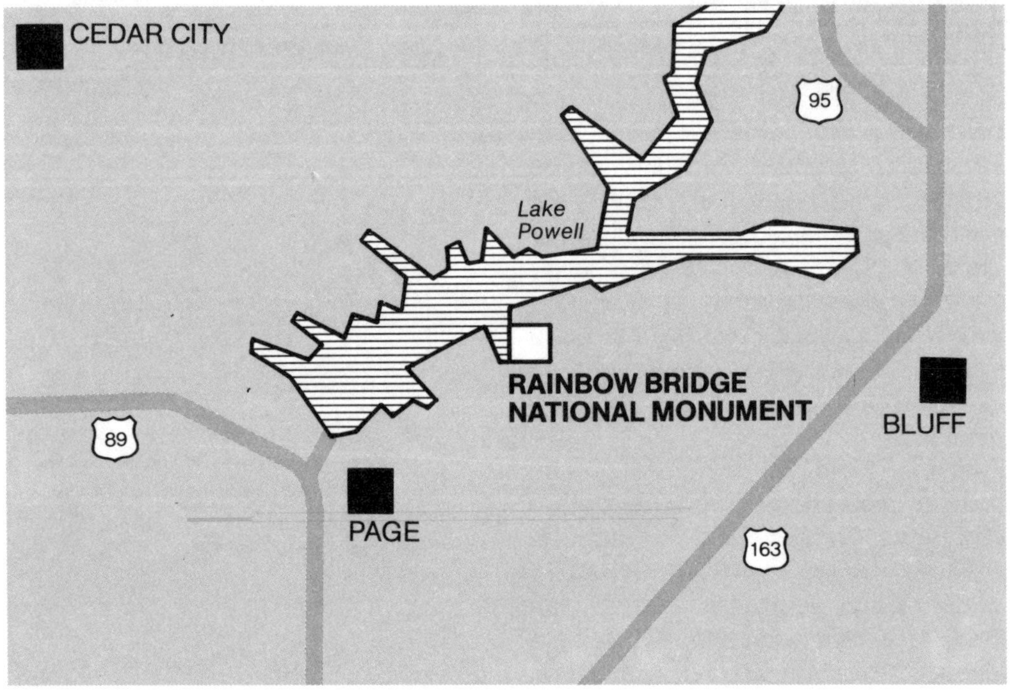

151 Mit 84 m Spannweite und 88 m Höhe ist die lachsrosa, von der Natur symmetrisch geformte *Rainbow Bridge* die wohl größte und schönste Natursteinbrücke der Erde. Verwitterung und Erosion haben sie über Jahrtausende geschaffen.

Saguaro National Monument

Lage:
Im Südosten des Bundesstaates Arizona; in der Sonora Wüste

Größe:
Besteht aus zwei Teilen: östlich der Stadt Tucson rund 250 qkm, westlich rund 85 qkm

Gründung:
Seit 1933 National Monument. 1961 wurde der Teil westlich von Tucson hinzugefügt.

Hauptsehenswürdigkeit:
Bis zu 15 m hohe Saguaros, »Riesensäulenkakteen«

Unzählige, riesengroße, stachelige Säulen, oft mit seitlich emporgestreckten Armen, ragen meterhoch aus dem steinigen, dürren Boden der Sonora Wüste gen Himmel. Es sind *Saguaros, Riesensäulenkakteen* (Cereus giganteus = Carnegieia gigantea), die hier zu Abertausenden im Saguaro National Monument geschützt werden. Der Saguaro ist der größte Kaktus der amerikanischen Wüste und kann das ehrwürdige Alter von 200 Jahren erreichen. Mit seiner imposanten Gestalt prägt er das Landschaftsbild in dieser unendlichen Weite der Wüste. Die unzähligen Saguaros im National Monument wachsen in Höhen zwischen 700 und 1 200 m. 30 Jahre braucht ein Saguaro, um etwa einen Meter groß zu werden, mit 70 Jahren hat er etwa 5 Meter erreicht, und wenn er das außergewöhnliche Alter von etwa 200 Jahren erlangt, kann er 12 bis 15 m hoch werden. Es dauert etwa 50 Jahre, bis die jungen Saguaros Blüten hervorbringen, und erst im fortgeschrittenen Alter von 70 bis 80 Jahren beginnen Seitenarme zu wachsen, die ihnen ihre typische Gestalt verleihen. In den Monaten April und Mai, manchmal bis in den Juni hinein, trägt der Saguaro seine auffallenden Blüten, die auf seinem Kopf und an den Seitenarmen hervorspriessen. Die Blüten sind im Durchmesser 10 cm groß, haben einen schneeweissen Blütenkranz und in der Mitte ein leuchtend gelbes Auge. Diese schöne Blüte ist die Staatsblume von Arizona. Die Säulen des Saguaros haben von unten nach oben verlaufende Rippen mit kleinen Höckern, aus denen dichte Dornenbüschel hervorragen. Eine lederartige Haut schützt den Kaktus besonders gut gegen Verdunstung. Mit seinen weit verzweigten Wurzeln, die flach unter der Erdoberfläche liegen, kann der Saguaro nach Regenfällen schnell bis über 1 Tonne Wasser aufsaugen, das er in einen schleimigen Saft umwandelt, um es in seinem schwammartigen Innern zu speichern. Mit diesem Vorrat übersteht er monatelange Dürreperioden ohne Schaden, verliert dann allerdings stark an Gewicht und Umfang. Die größten Saguaros, die man gefunden hat, wogen bis zu 15 Tonnen, ihr Alter schätzte man auf etwa 300 Jahre – das sind vier Menschenalter.

Der Riesensäulenkaktus bietet Nahrung und sichere Wohnung für verschiedene Lebewesen. Insekten, Fledermäuse und Wildtauben naschen am Nektar seiner Blüten. Der *Gila Woodpecker (Gila Bindenspecht)* und seine Artverwandten befreien ihn von Insekten, die unter seiner lederartigen Haut stecken, holen sich ihr Wasser aus seinem feuchten Gewebe und hacken ihre Nisthöhlen in den Stamm.

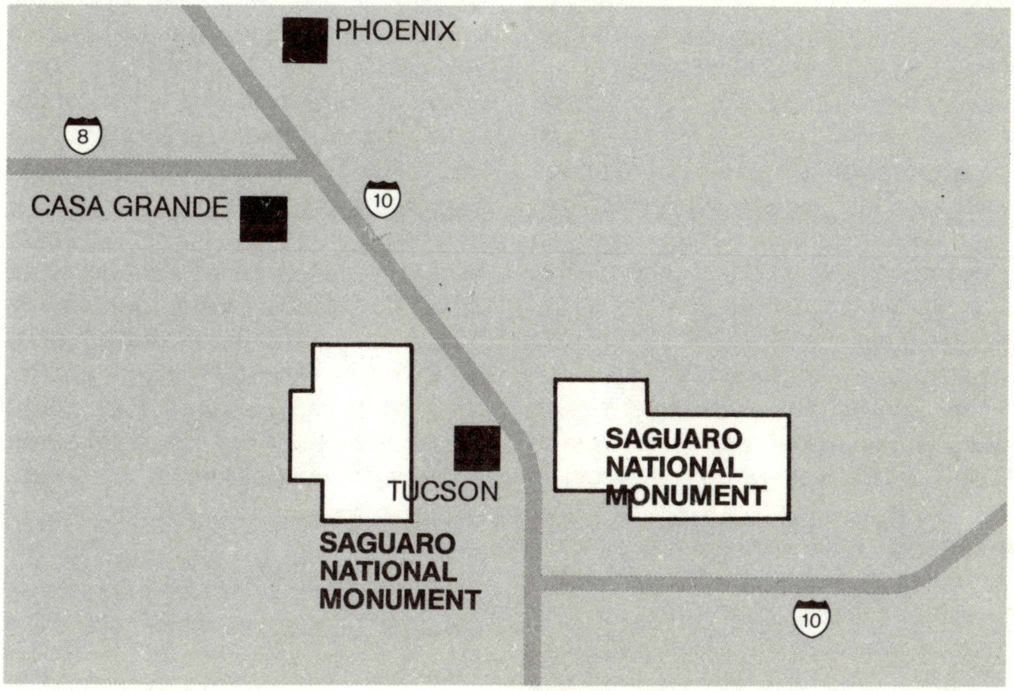

152 *Blüten des Saguaro,* (Carnegieia gigantea). Es dauert etwa 50 Jahre, bis der junge Saguaro Blüten hervorbringt, die auf seinem Kopf und an den Seitenarmen hervorsprießen. Die Säulen haben von unten nach oben verlaufende Rippen mit kleinen Höckern, aus denen Dornenbüschel hervorragen.

Der Saguaro überzieht die Wunden mit einem Schutzgewebe, so daß sie ihm nicht schaden können. Im Frühjahr füttern die Spechte mit lautem Spektakel ihre Jungen, und mit etwas Geduld kann man sie dabei beobachten. Da die Spechte sich jedes Jahr eine neue Bruthöhle zimmern, werden die verlassenen Quartiere gern von kleinen Sperbern und Zwergeulen bezogen. In den Gabelungen der Saguaros bauen Habichte, Bussarde und größere Nachteulen ihre Nester. Spinnen, Eidechsen und andere Kleintiere finden Schutz in dem dornigen Stamm. Zur Reifezeit im Juni und Juli trägt der Saguaro eierförmige, zuckersüße Früchte, auf die viele Nutznießer warten. Vögel picken an Früchten und Samen, doch auch Vierbeiner, Maultierhirsche, Kojoten, Eselhasen und kleine Nagetiere ernähren sich von den herabfallenden Früchten.

Der Mensch zieht ebenfalls Nutzen aus dem Saguaro. Wie ihre Väter ernten auch heute noch die Pima- und Papago-Indianer die saftigen Früchte. Mit langen, gegabelten Stöcken lösen sie die Früchte vom stacheligen Stamm. Sie essen sie frisch und kochen sie auch ein. Am Ende der Ernte feiern sie das Fest des Saguaro-Weines. Bei der Herstellung des Weines halten sie ein dreitägiges Ritual mit Gesängen und Tänzen ab und flehen die Götter um Regen an. Am dritten Tag trinken nur die Männer den Wein nach strengen Regeln in feierlicher Handlung.

Der amerikanische Kontinent ist die Heimat der Kakteen. Sie werden in fünf Hauptgruppen eingeteilt: in Warzenkakteen, Igelkakteen, Igelsäulenkakteen, Opuntien und Cereus-Arten, zu denen auch der Saguaro gehört. Etwa drei Viertel aller Kakteenarten wachsen in Nordamerika; 300 Arten sind allein in den USA heimisch.

In der Sonora Wüste, die sich bis nach Mexico hineinzieht, und besonders in ihrem nördlichen Teil um Tucson, in dem auch das Saguaro National Monument liegt, findet man neben dem Saguaro viele andere Kakteenarten und Wüstenpflanzen, z. B. *Agaven, Mesquite-Bäume, Palo Verde-Bäume, Ocutillos und Yuccas.* Kakteen und Wüstenpflanzen zeigen die mannigfaltigsten Formen: dicke und kugelige, schlanke und dünne, kleine und platte, alle bewaffnet mit stacheligen Dornen, Widerhaken und Haaren, gut ausgerüstet zum Speichern von Wasser, um lange Trockenperioden zu überstehen. In der Tat, sie haben einzigartige Lebensgewohnheiten. Wenn sie die Wüste im Frühling in eine blühende Landschaft verwandeln, übertreffen sie mit ihren zauberhaften Blüten viele andere Blumenarten. Nicht jedes Jahr gibt es eine »Blütenschwemme«. Es kommt ganz darauf an, wie und in welchen Zeitabständen sich warme und kalte Temperaturen, Regen und Sonne, ablösen. Hat die Natur jedoch günstig vorgesorgt und all diese Bedingungen erfüllt, wird dem Besucher ein einmaliges Schauspiel geboten.

Etwa 200 Vogelarten bevölkern das National Monument, einige Arten leben das ganze Jahr über im Naturschutzgebiet. Rund 50 Reptilienarten, wie Eidechsen, Schlangen und Schildkröten, haben hier ihren Lebensraum. Nur wenige Amphibienarten, wie Kröten und Frösche, und nur einige Säugetierarten gibt es im National Monument.

Das Saguaro National Monument besteht aus zwei Teilen, die östlich und westlich der Stadt Tucson liegen. Durch den östlichen Teil, der *Rincon Mountain Unit*, führt eine rd. 15 km lange Rundstraße durch ein hügeliges Wüstengebiet. Durch den westlichen Teil, der *Tucson Mountain Unit*, führt eine kürzere Straße. Hier wachsen besonders hohe und dichte Saguaro Wälder. Beide Teile haben sehr gut angelegte Naturlehrpfade.

Von Oktober bis April herrschen angenehme Tagestemperaturen bis über 20°C; von Mai bis September wird es heiß, das Thermometer klettert über 38°C. Starke Gewitter mit heftigen Regengüssen gibt es von Juli bis Mitte September, leichtere Regenfälle von Dezember bis Mitte März.

155 Der *Gila Woodpecker,»Gila Bindenspecht«*, hackt seine Nisthöhle in den Stamm. Der Saguaro überzieht die Wunde mit einem Schutzgewebe, so daß sie ihm nicht schaden kann.

156 *Tucson Mountain Unit:* Der Saguaro ist der größte Kaktus der amerikanischen Wüste. Er kann 12 bis 15 m hoch werden und das ehrwürdige Alter von 200 Jahren erreichen.

158 Stacheln des *Barrel Cactus,* »Kugelkaktus« (Ferocactus wislizeni). Kakteen zeigen die mannigfaltigsten Formen, alle sind bewaffnet mit stacheligen Dornen, Widerhaken und Haaren.

159 Blüten des *Yellow Paloverde* (Cercidium microphyllum).

160 Blüten der *Buckhorn Cholla* (Opuntia acanthocarpa). Im Frühling wird die Wüste in eine blühende Landschaft verwandelt.

161 Mit seiner imposanten Gestalt prägt der *Saguaro* das Landschaftsbild dieser Wüste.

Sequoia and Kings Canyon
National Parks

Lage:
Im mittleren Osten des Bundesstaates Kalifornien; im südlichen Teil der Sierra Nevada

Größe:
3 490 qkm
Sequoia National Park 1 630 qkm
Kings Canyon National Park 1 860 qkm

Gründung:
Sequoia National Park 1890
Kings Canyon National Park 1940

Hauptsehenswürdigkeit:
Riesenmammutbäume »Giant Sequoia« und Hochgebirgslandschaft

Wenn man vor einem der »ältesten Lebewesen« der Erde steht, das mehr als 3 000 Jahre auf seiner Rinde hat, wenn man seinen Kopf fast nicht sehen kann, da es 83 m groß ist, und wenn man es nur mit mehreren Menschen umarmen kann, da sein Umfang an der Basis 31 m beträgt, kommt man sich sehr klein vor. Dieses »Lebewesen« ist der *General Sherman Tree*, einer der mächtigsten uns bekannten Riesenmammutbäume. Sein Holzvolumen schätzt man auf 1 400 cbm, das Gewicht seines Stammes auf 1 319 Tonnen. Wäre sein oberster Wipfel nicht abgebrochen wie bei fast allen großen Sequoias, würde er mit seiner vollständigen Krone weit über 100 m messen. Aber nicht nur der General Sherman Tree zieht die vielen Besucher an. Auch andere Haine mit zahlreichen Riesenmammutbäumen sind Höhepunkte des Sequoia National Park.

Der Riesenmammutbaum, *Giant Sequoia,* gehört zur Art *Sequoiadendron giganteum,* die vor Jahrmillionen im Känozoikum auf der nördlichen Erdkugel weit verbreitet war. Auch in Deutschland findet man heute noch in Braunkohlenlagern verkohlte Stämme dieser Bäume. In unserer Zeit wachsen die Riesenmammutbäume nur noch an wenigen Stellen in 1 200 m bis 2 400 m Höhe an den Westhängen der Sierra Nevada in Kalifornien. Als letzte Überlebende ihrer Art gehören sie zu den berühmtesten Bäumen der Erde.

Die tiefgefurchten Stämme der Giant Sequoia wölben sich an ihrem Fuß etwas aus und verschwinden dann ohne Übergang im Waldboden. Die immergrünen Baumkronen sind schmal, und ihre Äste haben anliegende Nadeln. Erst ab einem Alter von etwa 75 Jahren trägt der Baum kleine taubeneigroße Zapfen mit Samen, die nur stecknadelkopfgroß sind. Die Riesenmammutbäume wachsen in verschiedenen Hainen in direkter Nachbarschaft mit anderen hohen Nadelbäumen, die aber geradezu wie Zwerge neben ihnen wirken.

Ihr hohes Alter verdanken die Riesenmammutbäume, die schätzungsweise weit über 3 000 Jahre alt werden können, ihrer außerordentlichen Widerstandskraft und Regenerationsfähigkeit. Die Gerbsäure in ihrem Holz bewahrt sie vor Insekten und Pilzbefall, und eine bis zu 30 cm, bei älteren Exemplaren sogar bis zu 60 cm dicke, asbestartige, kerbige Rinde schützt sie gegen Feuer bei Waldbränden. So blieb für den Riesenmammutbaum nur ein Feind – der Mensch, der ihn noch vor etwa einhundert Jahren rigoros abholzte. Damals, gegen Ende des 19. Jahrhunderts, wurden aus einem Baum etwa 40 Holzhäuser errichtet. Nachdem das Gebiet 1890 unter Natur-

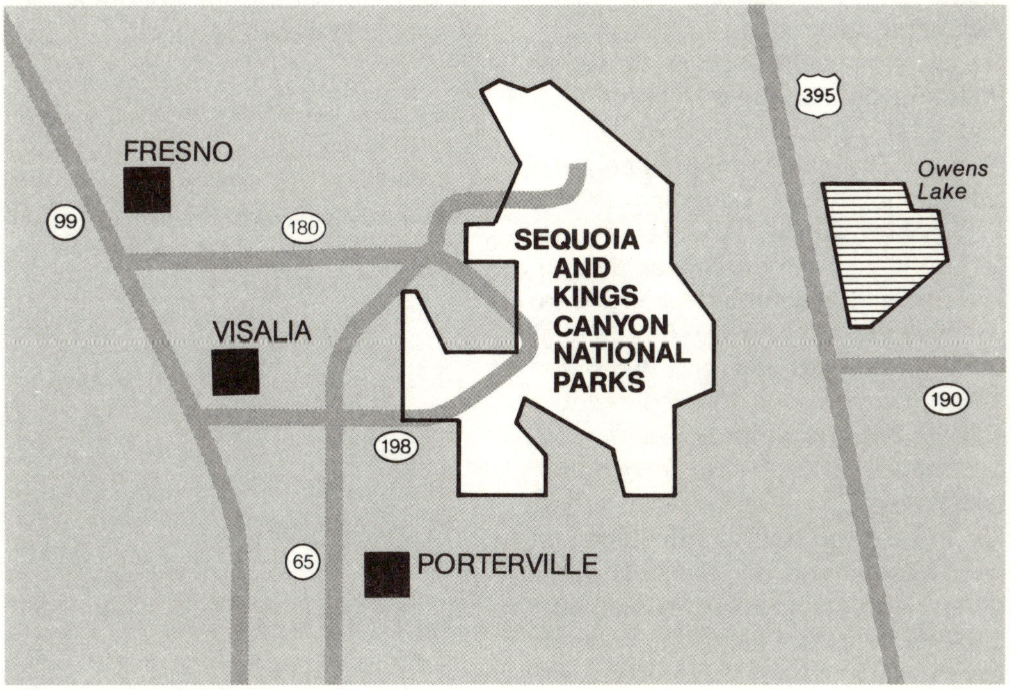

162 *Generals Highway* im Sequoia National Park. Zu beiden Seiten der Parkstraße leuchten die *Riesenmammutbäume* – *Giant Sequoia* – mit ihrer rostroten Rinde zwischen den anderen Bäumen hervor.

schutz gestellt worden war, mußte die Kavallerie es in den ersten Jahren vor Holzdieben schützen. Heute kann man kleine Setzlinge der Sequoia in Baumschulen kaufen.

Den eigentümlichen Namen *Sequoia* erhielt der Baum in Erinnerung an den Cherokee Indianer *Sequoyah.* Er stellte ein Alphabet seiner Stammessprache auf und vertrat sein Volk in Washington D. C. Seine Statue steht heute im Kapitol.

Außer der Giant Sequoia gibt es nur noch eine ihr nahestehende Art, die *Redwood (Sequoia sempervirens),* die an der kalifornischen Pazifikküste wächst. Sie hat einen schlankeren Stamm und wird noch höher als die Giant Sequoia. Der höchste Baum an der Küste ist über 110 m hoch.

Der 75 km lange *Generals Highway,* eine kurvenreiche Straße, erschließt den Westen des Sequoia Parks. Schon auf seinem Weg leuchten die rostroten geraden Stämme der Riesenmammutbäume zwischen den anderen Bäumen hervor. Von Süden her führt die Straße am *Moro Rock,* einem 2050 m hohen Granitfelsen vorbei, von dem aus man einen schönen Blick über das Hochgebirge hat. Weiter nördlich erreicht sie den *Giant Forest,* einen Riesenwald von Sequoia Bäumen, führt dann zum *General Sherman Tree* und an der nahen *Muir Grove* vorbei, einem prächtigen Sequoiawald mit vielen sehr alten Bäumen.

Die Straße verläßt dann in nördlicher Richtung den Sequoia National Park und führt zum *Grant Grove,* einem Hain mit Riesenmammutbäumen, der schon zum *Kings Canyon National Park* gehört. Von hier zweigt eine andere Straße zu den hohen Granitbergen und wilden Schluchten des Kings Canyon National Park ab. Die Straße folgt dem *Kings River* und führt durch den *Kings Canyon,* eine von senkrechten Felswänden gesäumte Schlucht.

Die beiden Parks grenzen aneinander, bilden eine Einheit und werden von einer Verwaltung betreut. Sie liegen an den Westhängen der Sierra Nevada, deren Hauptkamm beide Naturschutzgebiete im Osten begrenzt. In dieser Gebirgskette erhebt sich an der Grenze des Sequoia Parks der höchste Berg der USA (Alaska ausgenommen), der 4418 m hohe *Mount Whitney.* Sequoia and Kings Canyon National Parks haben drei verschiedene Klimazonen mit einer reichen Pflanzen- und Tierwelt. Bis zu 500 m ü. d. M. herrschen Wiesen und Buschwälder vor. In den mittleren Höhen, bis etwa 1 200 m, wachsen dichte Nadelwälder. Neben der Giant Sequoia stehen hier Zedern, Ponderosakiefern, Rot- und Weißtannen. Oberhalb der Wälder liegen blumenreiche Bergmatten, darüber erheben sich die schneebedeckten Granitspitzen der Sierra Nevada mit vielen Viertausendern. Beide Nationalparks werden von klaren Gebirgsbächen durchflossen, sind von tiefen Schluchten durchzogen und mit kleineren und größeren Bergseen übersät. Diese unberührte wilde Landschaft kann man nur zu Fuß erwandern oder zu Pferd durchreiten. Hier gibt es eine Vielzahl von Tieren, darunter auch seltene Arten. In den hohen Bergregionen leben Bighornschafe, Murmeltiere und der sehr seltene braune Vielfraß, der wie ein kleiner Bär aussieht. Die dichten Wälder durchstreifen Luchse, Pumas, Waschbären, Marder, Erdhörnchen, Stinktiere, Silberfüchse, Rotwild und häufig anzutreffende Schwarzbären. Unzählige Vögel, unter ihnen Wanderfalken und Eulen, nisten in beiden Parks. Der kalifornische Kondor ist der Herrscher in dieser Bergwelt.

165 Der *General Sherman Tree* im Sequoia N.P. ist einer der mächtigsten bekannten Riesenmammutbäume. Er ist 83 m hoch, sein Umfang an der Basis mißt 31 m. Sein Alter beträgt etwa 3000 Jahre.

166 + 167 Im *Giant Forest,* im Sequoia N.P., wachsen besonders große und alte Riesenmammutbäume. Ihr hohes Alter verdanken sie ihrer außerordentlichen Widerstandskraft und Regenerationsfähigkeit. Sie gehören zu den letzten ihrer Art, die vor Jahrmillionen auf der nördlichen Erdkugel weit verbreitet waren.

White Sands National Monument

Lage:
Im Süden des Bundesstaates New Mexico; im Tularosabecken zwischen den Sacramento Mountains und den San Andres Mountains

Größe:
580 qkm

Gründung:
Seit 1933 National Monument

Hauptsehenswürdigkeit:
Weiße Dünen aus Gips

Kommt man in das innere Dünenfeld des White Sands National Monument, steht man inmitten einer ausgedehnten, weißen, hügeligen Landschaft, die man für Schneeberge halten könnte, wenn es nicht zu heiß wäre. Wohin das Auge blickt, wird es geblendet von schneeweißen, bis zu 18 m hohen Dünen – man befindet sich im Sandmeer der größten Gipswüste der Erde.

Wie ist sie entstanden?

Die Dünenlandschaft liegt im weiten *Tularosa Basin*, das an drei Seiten von hohen Bergen begrenzt wird. Im Osten erheben sich die mächtigen *Sacramento-* und *Sierra Blanca Mountains*, im Westen die *San Andres-* und *Organ-Mountains*. Der höchste Gipfel dieser ganzen Region ist der Sierra Blanca Peak mit 3659 m. Im Norden erstreckt sich ein schwarzer Lavafluß, *Malpais* genannt. Im Süden wird das Tularosa Basin von einer kaum auszumachenden Wasserscheide begrenzt. Von hier bis zu seiner nördlichsten Grenze bei *Mesa Juames* hat das Tularosa Basin eine Ausdehnung von 240 km. Das ganze Becken ist abflußlos und liegt rd. 1200 m ü. d. M. Vor Hunderten von Millionen Jahren war das ganze Gebiet von lang anhaltenden Überschwemmungen überflutet. Meere, Süßwasserseen, Schwemmlandschaften und Trockenperioden wechselten während der geologischen Zeitepochen einander ab. Sie hinterließen dikke Ablagerungen, die sich im Laufe der Zeit zu mächtigen, mineralhaltigen Gesteinslagern umbildeten. Unter ihnen befanden sich besonders gipshaltige Sedimentgesteine, die sogenannte *Yeso-* und die *San Andres Schicht.*

Etwa zu Beginn des Känozoikums, das vor rd. 60 Millionen Jahren begann, wurde durch innere Erdkräfte das ganze Gebiet angehoben und bildete einen großen länglichen Schild. Die Oberfläche des Schildes wurde im Laufe der Zeit durch die Kräfte der Erosion mehr und mehr abgetragen. Vor etwa 10 Millionen Jahren wurde der Schild an seinen beiden Längsseiten von Rissen und Spalten durchzogen, und das ganze Gebiet dazwischen sank zu einem Basin ab, während die Ränder zu beiden Seiten stehenblieben – die heutigen Berge im Osten und Westen des Tularosa Basin. Dadurch wurden die gipshaltigen, waagerecht liegenden Schichten an den Seitenwänden der Berge freigelegt und sind heute als Bänder und Streifen zu erkennen. Im Laufe der Zeit brachten die Niederschläge riesige Mengen von Material, darunter auch den Gips, der sich am leichtesten in Wasser löst, in das Bekken. Weil das Tularosa Basin abflußlos ist, bildete sich ein großer See, der immer mehr mit Gips angereichert wurde. Große Mengen von Gips drangen auch

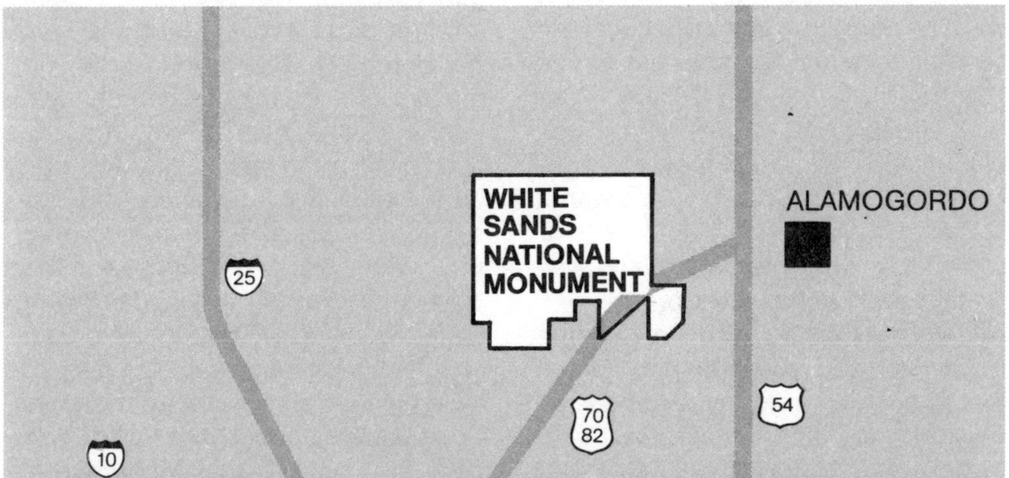

168 Wohin das Auge blickt, wird es geblendet von schneeweißen, bis zu 18 m hohen Dünen – dem geriffelten Sandmeer der größten *Gipswüste* der Erde.

in das Grundwasser ein. Dieser große See, den die Geologen *Otero Lake* nennen, ist längst ausgetrocknet; heute ist nur ein kleines Überbleibsel an der tiefsten Stelle des Tularosa Basin vorhanden – der *Lucero Lake*. So entstand eine fast 600 m dicke, schwere, gipsartige Schicht, über der sich heute die weißen Sanddünen ausdehnen.
Mit der Austrocknung des Otero Lake während eines Klimawechsels vor vielen tausend Jahren begann die Entstehung der weißen Gipsdünen. Wenn das Wasser verdunstet, bleiben große Kristalle eines durchsichtigen Minerals, *Selenit* genannt, zurück. Selenit besteht wie Glimmer aus feinsten Schichten, die sich unter den starken Temperaturwechseln der Wüste stark ausdehnen und zusammenziehen. Sie brechen auseinander und zerfallen in feinste Partikelchen. Dabei kollidieren die braungefärbten Schichten und werden an jeder Kontaktstelle weiß – so, als wenn man Glas einritzt.
Weil die Gipskörnchen schwerer sind als die sie umgebenden Sandkörnchen, trennt der Wind sie wie die Spreu vom Weizen, häuft die Gipskörner zu den weißen Dünen auf und bläst den Sand über die Ebene davon. Weiße Dünen sind eine besondere Seltenheit. Die Dünen entstanden in den letzten 25000 Jahren – einem geologischen Augenblick.
Große Gipskristalle bilden sich heute noch an den Ufern des Lake Lucero. In der Regenzeit im Sommer hat er eine Wasseroberfläche von 26 qkm. Während der übrigen Zeit des Jahres trocknet er aus. Man fand messerscharfe Gipskristalle, die über 1 m lang waren. Manchmal bilden sich auch Kristallrosetten, die von ihrer Mitte aus viele Spitzen nach außen strecken.
Nur wenige Pflanzen und Tiere können in dem kargen Lebensraum existieren. Sie sind vollkommen aufeinander angewiesen und können nur zusammen in dieser Wüste überleben. Das unendliche Weiß wird ab und zu durch die Büschel der *Yucca-Pflanze*, der *Candle of the Lord* oder *Hergottskerze*, unterbrochen. Ihre hohen Blütenstände tragen wachsfarbene, glockenförmige Blüten, die nachts einen starken Duft ausströmen. Die rotblühenden *Flaming Torches* (*Fackeln*) sind Kakteen, die hier wachsen. Sie gehören zu den Cereus Arten. Der *Dreilappige Sumach* ist die verbreitetste Pflanze in diesem Dünengebiet.
Der kleine weiße *Taubleguan* und die weiße *Apache Taschenmaus* huschen über die weißen Dünenkämme – sie sind ein hervorragendes Beispiel für die Anpassung der Tiere an ihre Umwelt. Der Taubleguan ist normalerweise goldbraun, und die flinke Taschenmaus hat auf dunklem Untergrund ein rötlichbraunes Fell; lebt sie in schwarzen Lavagebieten, trägt sie sogar ein schwarzes Fell.
Die Randdünen weisen eine reichere und vielfältigere Fauna und Flora auf.
Das Tularosa Basin erhält im Jahr weniger als 250 mm Niederschläge und ist klimatisch gesehen eine Wüste. Fast dreiviertel der Niederschläge fallen als schwere Gewitterschauer zwischen Juni und Oktober. Große Temperaturunterschiede kennzeichnen diese Wüste. Die niedrigste gemessene Temperatur betrug −32°C, die höchste +43°C. Im allgemeinen sind die Temperaturen aber wesentlich angenehmer: das Thermometer fällt im Januar selten unter −6°C, im Juli steigt es selten über 25°C. Sandstürme, die im Frühling mit 70 km in der Stunde über das Tularosa Basin dahinjagen, bewegen unzählige Tonnen von Gipssand. Im Nu ist die Luft voller Staub und Sand, der durch alle Ritzen dringt; der Himmel bezieht sich mit dunklen Sandwolken, und das Geheul der Winde, die aus allen Richtungen blasen, sind Ausdruck entfesselter Naturgewalten. Die Stürme können bis zu 18 Stunden andauern. Wenn sie zur Ruhe gekommen sind, haben sie das Gesicht des Dünenfelds verändert. Pflanzen sind zugeschüttet oder freigeweht, so daß ihre Wurzelballen zum Teil ohne Halt sind, Dünenkämme haben ihre Form verändert, und Tausende von Windriffeln zeigen ein neues Profil.
Ein 26 km langer Fahrweg führt mitten durch die Dünenlandschaft. Zum Lake Lucero, der im Südwesten des National Monument liegt und an dessen Ufern man die Entstehung der Gipskristalle beobachten kann, werden geführte Touren unternommen.
Früh morgens und spät abends, bei flach einfallendem Licht, sind die weissen Dünen von Schatten durchzogen. Unzählige Windriffeln, die den sanfteren Dünenhängen eine wellige Oberfläche geben, treten dann besonders plastisch hervor.

171 Das unendliche Weiß wird ab und zu durch die Büschel der *Yucca-Pflanze*, der *Candle of the Lord* oder *Herrgottskerze*, unterbrochen.

Yellowstone National Park

Lage:
Im Nordwesten des Bundesstaates Wyoming, übergreifend auf den Bundesstaat Idaho und auf den Bundesstaat Montana; im Herzen der Rocky Mountains

Größe:
Rd. 8980 qkm, größer als die Insel Kreta

Gründung:
Seit 1872 National Park

Hauptsehenswürdigkeit:
Geysire und heiße Quellen

Zwei Superlative kann der Yellowstone Park für sich in Anspruch nehmen: er ist der größte Naturpark der USA und der älteste Naturpark der Erde; am 1. 3. 1872 gegründet. Wegen der springenden Geysire, dampfenden Fumarolen, heißen Quellen und Basins, bizarren Kalksinterterrassen, des weiten Yellowstone Sees, des gelbgetönten Canyons des Yellowstone Flusses, der hohen Wasserfälle und der vielen Tiere kann man einen dritten Superlativ hinzufügen: er gehört zu den berühmtesten Nationalparks der Erde.
Heiß und lebendig ist diese Küche der Natur: da brodelt und kocht es in kleinen und großen Becken, da springt und zischt es aus vielseitig geformten Sinterkegeln, da grollt und dröhnt es aus schwefelumrandeten Löchern, da blubbert und schwappt es aus dickflüssigen Schlammquellen, da steigen zarte Dampfwolken aus in allen Farben leuchtenden Tiefen, und ein mehr oder weniger »guter Duft« liegt manchmal über diesen Naturtöpfen der Erde.
Der Yellowstone Park hat mit seinen hydrothermalen Erscheinungen, man spricht von etwa 10000, das größte zusammenhängende Gebiet dieser Art auf der Erde. Das Areal erstreckt sich über mehr als die Hälfte des 8980 qkm großen Parks. Die Aktivität dieser Region basiert auf einer längst erloschenen vulkanischen Tätigkeit. Geologen zählen das vulkanische Gestein zum Tertiär und geben sein Alter mit etwa 15 Millionen Jahren an. Diese Periode gehört zum Känozoikum, das vor etwa 60 Mill. Jahren begann. Aber auch ältere Gesteinsschichten und jüngere Ablagerungen aus der Eiszeit sind im Yellowstone Park vorhanden.
Aus dem Erdinnern wird bis heute noch eine ungeheure Hitze abgegeben. Man vermutet, daß das flüssige Magma an dieser Stelle nur wenige Kilometer unter der Erdoberfläche liegt. Die Temperatur nimmt um ein Grad Celsius je 1,5 m Tiefe zu (in Deutschland durchschnittlich nur ein Grad Celsius auf 33 m). Die Hitze der Yellowstone-Quellen ist so groß, daß in jeder Sekunde mehr als 840 Mill. Kalorien abgegeben werden. Diese Energie würde ausreichen, an einem Tag rund 1 Million Tonnen Eis zu schmelzen, d. h. einen Eiswürfel, der die Kantenlänge eines Fußballfeldes von 100 m hat. Von den zahlreichen Sehenswürdigkeiten des Yellowstone Parks sind die springenden Geysire die eindrucksvollsten. Das Wort *Geysir* kommt aus dem Isländischen und bedeutet *tosender Sprudel.*
Wie entstehen die Geysire?
Der deutsche Chemiker Robert Wilhelm Bunsen (1811–1899) war der erste Erforscher der Geysire und erklärte: Wasser befindet sich im senkrechten Kanal des Geysirs und wird von

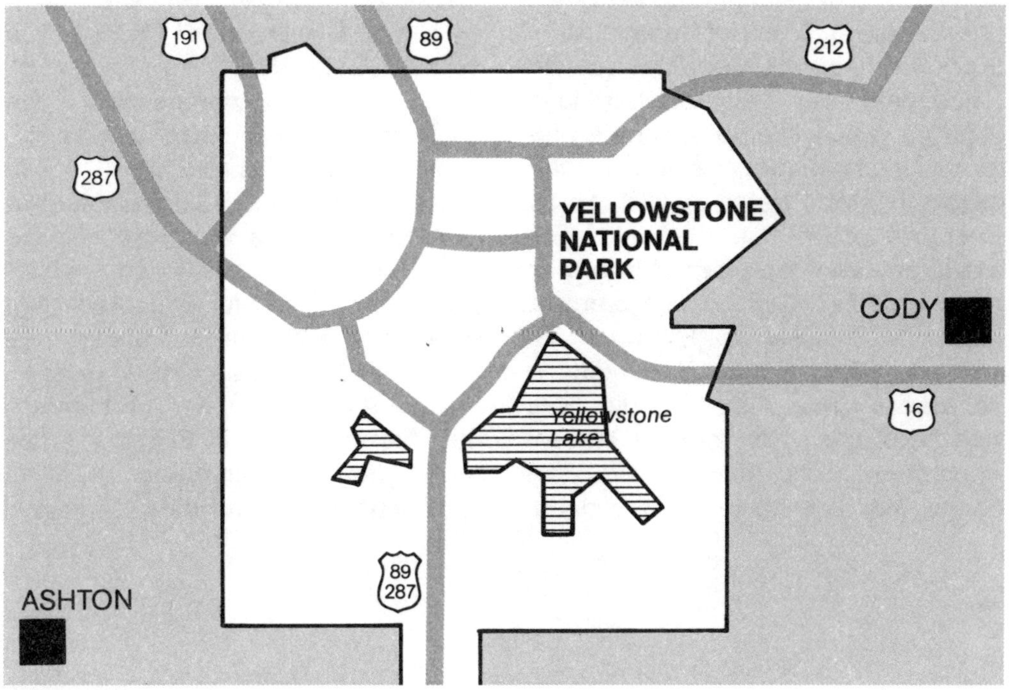

172 *Emerald Pool* im Black Sand Basin. Die meisten Farben der Quellbecken entstehen durch Algen, Bakterien, Mineralien und das Tageslicht. Dabei spielen Temperatur und Säuregehalt des Wassers eine große Rolle.

der vulkanischen Wärme aufgeheizt. Durch den Druck der Wassersäule ist der Siedepunkt des Wassers im unteren Teil des Geysirkanals wesentlich höher (bis zu 170°C). Wenn das Wasser an einer Stelle so aufgeheizt wird, daß die Temperatur den Siedegrad des Wassers erreicht, der dem Druck der über ihm liegenden Wassersäule entspricht, beginnt es an dieser Stelle zu kochen. Der nun entstehende Dampf schleudert zuerst die über ihm liegende Wassersäule empor. Gleichzeitig wird die untere Wassersäule vom Druck befreit und ihr Siedepunkt herabgesetzt, wodurch es zum Aufkochen und zur Eruption der unteren Wassersäule kommt. Die Eruption dauert solange an, bis der Siedevorgang den Grund des Geysirkanals erreicht. Dann kommt es zu einer Ruhepause. –

Die Theorie Bunsens ist aber nicht ganz ausreichend. Als weitere Erklärung gilt, daß sich an den Geysirkanal ein unterirdisches Höhlen- und Kanalsystem anschließt und ihn mit Wasser speist. Es ist unwahrscheinlich, daß allein der Geysirkanal so viel Wasser liefern kann, wie bei einer Eruption herausgeschleudert wird. Dafür spricht auch die mehrstündige Eruptionsdauer einzelner Geysire.

Relativ neu ist die *deep circulation theory*, die Theorie der *Tiefen-Zirkulation:* Wasser gelangt in große Tiefen und wird hier auf Temperaturen (150°–200°C) erhitzt, die weit über seinem Siedepunkt auf der Erdoberfläche (100°C) liegen. Die hohe Temperatur ist nur wegen des ungeheuren Wasserdrucks in diesen Tiefen möglich. Heiße Gesteinsmassen, die wahrscheinlich wiederum von flüssigem Magma in noch größerer Tiefe erhitzt werden, heizen das Wasser auf. Es dehnt sich aus und wird leichter. Das kältere, schwerere Wasser fließt in die Tiefe und drückt das heiße, leichtere Wasser nach oben. In der Nähe der Erdoberfläche wird das heiße Wasser durch enge Kanäle in ein Röhren- und Reservoirsystem gepreßt, das zu jedem Geysir gehört. Beim Füllen kann auch kühleres Wasser von der Spitze des Geysirrohres zufließen, während das heiße Wasser von unten nachfließt. Langsam füllt sich das System, das Wasser wird immer mehr aufgeheizt, bis die Temperaturen so hoch sind, daß sich an irgendeiner Stelle Wasserdampf bildet, der die darüberliegende Wassersäule schließlich anhebt – der Geysir schwappt über. Dadurch läßt der Wasserdruck nach unten nach, der Siedepunkt der unteren Wassersäule wird herabgesetzt. Immer mehr Wasser wird zu Dampf, eine Kettenreaktion beginnt, die sich schnell nach unten fortsetzt und das heiße Wasser mit Wasserdampf unter ungeheurem Druck aus dem unterirdischen System als Geysir herausstößt.

Nach einer Eruption sind Wasserspiegel, Druck und Temperatur im Reservoir- und Röhrensystem des Geysirs niedrig, eine Zeit der Ruhe tritt ein. Geysire mit kleinem Reservoir und Kanälen, die sich abrupt in der Tiefe verengen, haben nicht viel Wasser zur Verfügung, ihre Eruption dauert nicht lange an. Ist dagegen das Reservoir- und Röhrensystem groß, kann es ohne weiteres einen gewaltigen Geysir speisen, z. B. den Old Faithful.

Der berühmteste Geysir der Erde, der *Old Faithful, »Alter Getreuer«,* liegt im Upper Geysir Basin. 1870 wurde er durch General H. D. Washburn entdeckt und erhielt bereits zwei Tage nach seiner Entdeckung diesen Namen. Schon zu jener Zeit stieß Old Faithful in getreuem Abstand von etwa einer Stunde seine Wassersäule in die Luft – und das tut er bis heute. In der Halle des Old Faithful Inn Hotels zeigt eine Uhr die nächste zu erwartende Eruption an. Minuten vorher versammeln sich viele Besucher rund um seinen flachen Kegel in Erwartung des großartigen Schauspiels. Zuerst schwappt Old Faithful über; manchmal sofort, manchmal auch später, stößt er dann raketengleich in mehreren Schüben seine kochendheiße Wassersäule 32 m bis 56 m hoch in die Luft. Nur weniger als eine halbe Minute steht die Wassersäule in voller Eruption, wobei dicke Dampfwolken davonwehen. In dieser Zeit wird Old Faithful zum meist fotografierten Star der Welt. Das Schauspiel kann 1 ½ bis 5 ½ Minuten dauern, durchschnittlich sind es jedoch 4 Minuten.

Veröffentlichungen und Erzählungen über die Regelmäßigkeit der Eruptionen des Geysirs haben bei vielen Besuchern zu der festen Meinung geführt: »Old Faithful springt exakt zu der vorausgesagten Zeit, alle 65 Minuten. Man kann ja die Uhr nach ihm stellen!« Springt er jedoch einige Minuten früher oder später, sagen sie: »Oh, Old Faithful ist diesmal zu früh« oder: »Old Faithful hat sich aber verspätet!« Die Besucher sind so sehr von seiner Regelmäßigkeit überzeugt, daß sie nicht die vorausgesagte Zeit anzweifeln, sondern Old Faithful verantwortlich machen und ihm keine zeitlichen Verschiebungen zugestehen. Old Faithful hat aber in der Tat seine Unregelmäßigkeiten. Das kürzeste gemessene Intervall zwischen zwei Eruptionen betrug 33 Minuten, das längste 148 Minuten. Im allgemeinen springt er jedoch etwa alle 65 Minuten. Auch seine Wassersäule ist unterschiedlich hoch. Die zeitlichen Intervalle und die Dauer der Eruptionen spielen dabei eine große Rolle. Je mehr sich eine Eruption »verspätet« und je länger sie dauert, um so höher ist die Wassersäule. Die niedrigste gemessene Höhe der Wassersäule betrug 32 m, die höchste 56 m. Das herausschießende Wasser ist kochendheiß, es hat über 90°C. Neue Messungen haben ergeben, daß bei einer Eruption 15 000 bis 27 000 Liter Wasser in die Luft geschleudert werden. Die Krateröffnung des Old Faithful beträgt an seiner Spitze 2,30 m x 1,60 m; sie verengt sich 50 cm tiefer zu einer Öffnung von 1,50 m x 0,60 m. Der Hauptkanal läßt sich bis in 25 m Tiefe verfolgen. Der flache Kegel des Geysirs besteht aus weißgrauem Kieselsinter (Geysirit); er wurde wahrscheinlich nicht von ihm selbst aufgebaut, sondern von einer älteren Quelle, die keine Eruptionen hatte.

Rund 8 000 mal im Jahr springt Old Faithful. Seit seiner Entdeckung im Jahr 1870 bis heute (1980) hatte er also etwa 880 000 Eruptionen. Mit Recht trägt er daher seinen Namen *Alter Getreuer.* Die Geologen sehen ihn nicht als »Alten« an; ihre Untersuchungen ergaben, daß Old Faithful erst 200 bis 300 Jahre »jung« ist.

Doch nicht nur Old Faithful rechtfertigt einen Besuch. Allein im *Upper Geysir Basin* gibt es noch etwa 70 andere Geysire und viele farbige Quellteiche.

Weitere große Gebiete mit zahlreichen Geysiren, farbig schillernden Quellteichen, blubbernden Schlammquellen und zischenden Fumarolen lohnen einen Besuch: *Norris Geysir Basin, Lower Geysir Basin, Midway Geysir Basin, Biscuit Basin, Black Sand Basin, Shoshone Geysir Basin, West Thumb Geysir Basin, Firehole Lake Drive* und *Mud Volcano Trail.*

Holzbohlenwege, zum Schutz der versinterten Landschaft, aber auch zum Schutz der Besucher leicht erhöht angebracht, führen in den Basins zu den Sehenswürdigkeiten. Nicht immer sind die Geysire gerade in Aktion. Einige erheben ihre Fontänen alle paar Sekunden oder Minuten, andere alle paar Stunden oder Tage, manche zeigen sich nur alle paar Wochen oder Monate, ja sogar Jahre. Einige Geysire haben einen regelmäßigen Rhythmus ihrer Eruptionen, andere sind völlig unregelmäßig. Auch Höhe und Dauer der Eruptionen variieren sehr. Manche dauern nur Sekunden und Minuten, ganz wenige bis zu einer Stunde und länger. Einige Geysire springen nur wenige Zentimeter hoch, andere bis zu vielen, vielen Metern.

Die folgende Tabelle gibt die Aktivität einiger Geysire an. Sie ist nach den Geysir-Basins, in denen sie springen, alphabetisch geordnet.

Name des Geysirs	Dauer einer Eruption	Höhe einer Eruption	Zeitabstand zwischen zwei Eruptionen
Gibbon Geysir Basin			
Gibbon Hill Geysir	einige Min.	4 – 8 m	unregelmäßig, springt mehrmals am Tag
Monument Geysir	ständig	1 – 3 m	–
Lower Geysir Basin			
Fountain Geysir	4 – 60 Min.	3 – 18 m	10 Min. bis zu Tagen*
Great Fountain Geysir	35 – 60 Min.	23 – 60 m	5 – 17 Std.*
Morning Geysir	10 – 60 Min.	6 – 46 m	springt selten
Spasm Geysir	10 – 15 Min.	6 m	springt mehrmals tägl.
Steady Geysir	ständig	60 cm – 4,5 m	–
White Dome Geysir	1½ – 2 ½ Min.	5,5 - 9 m	12 Min. bis 4 Std.
Midway Geysir Basin			
Exelsior Geysir	nicht aufge-zeichnet	15 – 90 m	seit 1888 ruhend
Norris Geysir Basin			
Africa Geysir	ständig	3 – 11m	–
Arsenic Geysir	20 Min.	2 – 3 m	unregelmäßig
Echinus Geysir	2 – 6 Min.	12 – 27 m	40 – 100 Min.
Little Whirligig Geysir	5 – 10 Sek.	4,5 – 8 m	1 – 15 Min.*
Monarch Geysir	5 – 20 Min.	30 – 60 m	ruhend
Steamboat Geysir	3 – 10 Sek.	2,5 – 6 m, hatte Erup-tionen bis 120 m	1 – 15 Min.
Valentine Geysir	1 – 3 Std.	15 – 24 m	Stunden bis Tage*
Shoshone Geysir Basin			
Bronze Geysir	wenige Sek.	30 – 90 cm	1 – 2 Min.
Lion Geysir	4 Min.	3 – 3,5 m	unregelmäßig
Little Giant Geysir	15 – 30 Min.	3 – 15 m	springt zweimal am Tag

Name des Geysirs	Dauer einer Eruption	Höhe einer Eruption	Zeitabstand zwischen zwei Eruptionen
Upper Geysir Basin			
Artemisia Geysir	13 – 36 Min.	6 – 11 m	9 – 16 Std.
Avoca Spring	Sekunden	90 cm – 4,5 m	2 – 15 Min.
Beehive Geysir	4 – 8 Min.	30 – 55 m	7 Std. bis Tage
Castle Geysir	45 – 75 Min.	19 – 30 m	7 – 12 Std.
Cliff Geysir	2 – 3 Std.	6 – 11 m	Stunden bis Tage*
Comet Geysir	fast ständig	60 cm – 2,5 m	–
Crested Pool	Sekunden	60 cm – 2,5 m	zyklisch
Daisy Geysir	2 ½ – 5 Min.	23 – 29 m	45 Min. – 4 Std.
Giant Geysir	60 – 90 Min.	45 – 68 m	2 – 14 Tage
Giantess Geysir	12 – 43 Std.	23 – 60 m	springt selten
Grand Geysir	9 – 16 Min.	43 – 60 m	6 – 15 Std.*
Grotto Geysir	2 – 8 Std.	2,5 – 12 m	2 – 12 Std.
Jewel Geysir	45 – 90 Sek.	1,5 – 7 m	5 – 10 Min.
Lion Geysir	1 ½ – 7 Min.	15 – 18 m	zyklisch, 1 – 3 Std.
Little Cub Geysir	17 Min.	1 – 3 m	1 – 2 Std.
Lone Star Geysir	25 – 30 Min.	9 – 15 m	2 ½ – 3 ½ Std.
Morning Glory Pool	nicht aufgezeichnet	9 – 12 m	springt selten
Old Faithful Geysir	1½ – 5 ½ Min.	32 – 56 m	33 – 148 Min.; im allgemeinen 65 Min.
Plume Geysir	1 – 2 Min.	4,5 – 11 m	23 – 70 Min.
Riverside Geysir	16 – 23 Min.	23 m	5 – 9 Std.
Sapphire Pool	2 – 8 Min.	1 – 46 m	springt selten
Sawmile Geysir	1 – 6 Std.	5 – 12 m	2 – 8 Std.
Solitary Geysir	1 – 2 Min.	1,5 – 3,5 m	2 – 6 Min.
Spasmodic Geysir	20 – 90 Min.	1 – 6 m	1 – 5 Std.
Splendid Geysir	2 – 10 Min.	30 – 55 m	zyklisch, 1 – 4 Std.*
Sponge Geysir	1 Min.	15 cm	45 Sek.
Sunset Lake	1 Min.	1 – 3 m	zyklisch, 3 – 5 ½ Min.
Turban Geysir	4 – 60 Min.	1 – 3 m	15 – 25 Min.

*Manchmal über lange Zeit nicht tätig.

Die Zeitangaben sind keine Garantie, daß ein Geysir sich entsprechend verhält (Ausnahme *Old Faithful*). Es ist durchaus möglich, daß Geysire ihre Tätigkeit einstellen und neue an anderer Stelle entstehen. Das ganze Gebiet ist im Grunde »launisch aktiv«.

Im Yellowstone Park gibt es zwei Arten von Geysiren: Kegel-Geysire und Springbrunnen-Geysire. Während die Springbrunnen-Geysire Wasserbekken bilden, aus denen sie wie ein Springbrunnen emporsteigen, kommen die Wasserfontänen der Kegel-Geysire aus unterschiedlich geformten Kegeln hervor. Die Kegel sind aus weißgrauem Geysirit (Kieselsinter). Mineralien tönen sie manchmal farbig: Gelb entsteht meist durch Schwefel, Orange, Rot, Braun und Schwarz durch verschiedene Eisenoxide und Eisensulfide.

Einige Geysire sind nach dem Aussehen ihres Kegels benannt oder bekamen treffende Beinamen, z. B.: der 2 ½ m hohe *Thermos Bottle Geysir (Thermosflasche)* im Monument Geysir Basin (zur Zeit nicht aktiv). Der 1,20 m hohe *Beehive Geysir (Bienenkorb)*, der *Sponge Geysir (Schwamm)* und der *Castle Geysir (Burg)*; alle drei im Upper Geysir Basin. Der *Steady Geysir* im Lower Geysir Basin heißt so, weil er *ständig* springt.

Im Gegensatz zu den springlebendigen Geysiren beeindrucken die Quellbekken und Quellteiche durch ihre intensiven Farben und die Klarheit ihres Wassers. Vom tiefsten Blau über Smaragdgrün, strahlendes Gelb, leuchtendes Orange bis zu dunklem Rostbraun malte hier die Natur. Zarte weiße Dampfwolken steigen von diesen Farbtöpfen auf. Das *Morning Glory Pool* im *Upper Geysir Basin* ist ein besonders schönes Beispiel dieser Farbkompositionen.

Die meisten der Farben entstehen durch Algen, Bakterien, Mineralien und das Tageslicht. Dabei spielen Temperatur und Säuregehalt des Wassers eine große Rolle.

Es gibt Quellbecken, die in reinen Blautönen erstrahlen *(Crested Pool* im *Upper Geysir Basin).* Urheber der Farbe ist das Tageslicht, das diese Bekken durchleuchtet; nur der blaue Anteil des Lichtes wird reflektiert. Ihr Wasser ist zu heiß für das Überleben von Algen und Bakterien, die somit keinen farblichen Einfluß nehmen können. Orange und braune Algen wachsen in Wasser, das keine Säure enthält und niedrige Temperaturen hat. Gelbe Algen leben in Wasser, das keine oder nur wenig Säure hat und eine Temperatur aufweist, die ihren Lebensbedingungen entspricht. Zusammen mit dem »Blau des Tageslichts« entsteht ein Grün *(Emerald Pool* im *Upper Geysir Basin).* In säurehaltigem, heißem Wasser gedeihen leuchtend grüne Algen *(Emerald Spring* im *Norris Geysir Basin)*; in säurehaltigem, kühlem Wasser wachsen Purpuralgen, aber auch orangefarbene und braune.

Die heißen Quellbecken in den Geysirbasins ähneln den Geysiren, nur haben sie keine Eruptionen. Geringfügige Änderungen in ihrem unterirdischen System können sie aber wieder zu Geysiren erstehen lassen.

Auffallend sind kleine und große Löcher, aus denen es zischt, röhrt und grollt. Dicke, weiße Dampfwolken quellen empor. Es sind *Fumarolen.* In ihrem unterirdischen System wird das gesamte Wasser in Dampf umgewandelt und geräuschvoll an die Oberfläche gepreßt.

Am Nordeingang des Yellowstone Parks liegen die filigrangeformten *Mammoth Hot Springs,* gewaltige Kalksinterterrassen, die von etwa 60 heißen Quellen gespeist und ständig neu aufgebaut werden. Dicke Krusten von Kalksinter (Travertin, nach dem alten Tibor, dem heutigen Tivoli bei Rom benannt) überziehen das Gelände in terrassenartigen Stufen, über die das glasklare, heiße Wasser (18° bis 74°C) fließt. Der abgelagerte Kalksinter ist gewöhnlich schneeweiß. Die fein abgestuften Farbtöne von Gelb über Zartrosa, Orange, Grün bis Braun werden von lebenden Bakterien und Algen, aber auch von Eisenverbindungen gebildet. Ungefähr 65 Arten von Thermalalgen leben in diesen Quellen. Besonders intensiv leuchtet das Farbenspiel am frühen Morgen und späten Nachmittag.

Wie entstehen die Kalksinterterrassen?

Heiße Quellen werden in der Erde durch Kohlendioxidgas, das von erhitzten vulkanischen Gesteinen im Erdinnern ausgeht, kohlensäurehaltig. Beim Durchfließen durch Kalkstein (Kalziumkarbonat) wird er von der

179+180 Die *Mammoth Hot Springs,* gewaltige Kalksinterterrassen, werden von etwa 60 heißen Quellen gespeist und ständig neu aufgebaut. Der abgelagerte Kalksinter ist gewöhnlich schneeweiß. Die fein abgestuften Farbtöne werden von lebenden Bakterien und Algen, aber auch von Eisenverbindungen gebildet.

182 *Castle Geysir* im Upper Geysir Basin. Geysire sind heiße Springquellen, die zu verschiedenen Zeiten springen. Auch Höhe und Dauer der Eruptionen variieren sehr.

183 *Black Dragon's Caldron* am Mud Volcano Trail. Diese spektakuläre Springquelle entstand erst 1948. Sie ist 88° C heiß und in ständiger Bewegung. Die schwarze Farbe rührt von Eisensulfiden her.

184 *Porcelain Basin* im Norris Geysir Basin.

185 o Etwa 12000 *Wapitihirsche* (von den Amerikanern elk genannt) durchziehen den Yellowstone Park.

185 u *Kanadagänse* (Branta canadensis) im Hayden Valley.

186 *Bison.* Mehrere Herden sind im Hayden Valley anzutreffen.

188 o *Pump Geysir* im Upper Geysir Basin. Heiß und lebendig ist diese Küche der Natur: da brodelt und kocht es, da springt und zischt es aus farbigen Löchern.

188 u *Heart Spring* im Upper Geysir Basin. Da steigen zarte Dampfwolken aus leuchtenden Tiefen, und ein mehr oder weniger »guter Duft« liegt manchmal über diesen Naturtöpfen der Erde.

189 *Grizzly Fumarole* am Mud Volcano Trail. Es blubbert und schwappt aus dickflüssigen Schlammquellen.

190 *Cliff Geysir* im Black Sand Basin. Das Wort Geysir kommt aus dem Isländischen und bedeutet »tosender Sprudel«.

192 *Morning Glory Pool* im Upper Geysir Basin. Dieses Becken gilt als eines der schönsten im Yellowstone Park.

194 *White Dome Geysir* am Firehole Lake Drive im Lower Geysir Basin. Er gehört zu den Kegel-Geysiren. Sein Geysirit-Kegel ist durch Mineralien farbig getönt.

195 *Old Faithful,* der *Alte Gtreue,* im Upper Geysir Basin. Er schießt im allgemeinen alle 65 Minuten seine 32 bis 56 m hohe, kochendheiße Wassersäule in die Luft. Seit seiner Entdeckung im Jahre 1870 bis heute (1980) hatte er 880000 Eruptionen. Mit Recht trägt er daher seinen Namen.

196 Das Licht der untergehenden Sonne spiegelt sich in den Wassern des *Firehole River.* Die aufsteigenden Geysire des Midway Geysir Basin vermitteln den Eindruck einer dampfenden Küche.

Kohlensäure als Kalziumbikarbonat in großen Mengen gelöst. Beim Austritt an die Erdoberfläche entweicht das Kohlendioxid, und aus dem Kalziumbikarbonat wird wieder Kalziumkarbonat (Kalkstein), das ausfällt und die schönen Terrassen bildet; das Wasser fließt ab.

Der *Yellowstone* Park erhielt seinen Namen nach dem *gelben Gestein* des Canyons des Yellowstone Flusses, dessen hellgrünes Band in 250 m Tiefe schimmert. Seine tosenden Wasser stürzen sich auf seinem Weg über einen 94 m und einen 33 m hohen Wasserfall hinab. Ab und zu steigen weiße Dampfwolken, die von Geysiren und heißen Quellen herrühren, aus dem tiefen Canyon empor.

Der weite Yellowstone See, vom Yellowstone River durchflossen, ist der größte Gebirgssee Amerikas und liegt 2357 m ü. d. M. Er wird von mächtigen Bergen umrahmt. Angler und Vogelfreunde finden hier ein kleines Paradies.

Reste versteinerter Wälder mit einigen noch aufrecht stehenden Baumstümpfen findet man im nördlichen Teil des Parks bei Specimen Ridge. Seinerzeit wurden die Wälder durch heiße Vulkanasche erstickt und versteinerten durch Kieselsäure im Laufe der Zeit.

Mehr als 200 Vogelarten, unter ihnen der Fischadler und der sehr seltene Trompeterschwan, bevölkern den Park. Mehrere Bisonherden, die im *Hayden Valley* und den nördlichen Hochebenen anzutreffen sind, und 12000 Wapitihirsche (die dem europäischen Rothirsch entsprechen und von den Amerikanern *elk* genannt werden), durchziehen das Naturschutzgebiet.

Elche (von den Amerikanern *moose* genannt), Dickhornschafe, Gabelböke, Stachelschweine, Kojoten, Dachse, Bisamratten, Biber und viele andere Tiere kann man mit etwas Glück und Geduld beobachten. Dichte, große Nadelwälder mit Lodgepolekiefern, Douglastannen und Rottannen, blumenreiche Bergwiesen, aber auch weite Steppen mit Sagebrush, einem Beifußgewächs, und Gras bewachsen, bilden den Lebensraum für die Tiere.

Der Yellowstone Park liegt auf einem Plateau etwa 2300 m ü. d. M. und ist von vielen Dreitausendern der Rocky Mountains umgeben.

Alle Sehenswürdigkeiten sind durch ein ausgezeichnetes Straßen- und Wegenetz von rund 480 km Länge – das entspricht der Entfernung von London nach Paris – erschlossen. Am besten folgt man der *Grand Loop Road*, einer Straße, die in Form einer 8 den Park durchzieht und dabei alle Punkte berührt.

Ein geflügeltes Wort sagt mit Recht: »Leicht führt der Weg den Besucher in den Yellowstone Park hinein, aber nur schweren Herzens wird er ihn wieder verlassen«.

Yosemite
National Park

Lage:
Im mittleren Osten des Bundesstaates Kalifornien; im mittleren Teil der Sierra Nevada

Größe:
Rd. 3 080 qkm

Gründung:
Seit 1890 National Park

Hauptsehenswürdigkeit:
Steiles Hochgebirgstal mit dem zweithöchsten Wasserfall der Erde; Riesenmammutbäume Giant Sequoia

Der Yosemite National Park liegt im mittleren Teil der Sierra Nevada, einem hohen, schneebedeckten Gebirgszug mit vielen Viertausendern. Das Gebirge erstreckt sich in Nord-Südrichtung fast über den ganzen Bundesstaat Kalifornien. *Sierra Nevada* kommt aus dem Spanischen und heißt *Verschneites Gebirge.* Die Osthänge fallen äußerst steil ab und grenzen an die weiten, oft wüstenhaften Landschaften des *Great Basin.* Die Westhänge sind dagegen flach geneigt, sie erhalten reichliche Niederschläge durch die Westwinde des Pazifiks, so daß sie überaus dicht bewaldet sind. Glanzpunkte des Yosemite National Park sind das Yosemite Tal und die Haine mit den Riesenmammutbäumen.

Das *Yosemite Tal,* in Kalifornien *The Incomparable Valley (Unvergleichliches Tal)* genannt, ist ein hochalpines Gebirgstal, rund 1 200 m ü. d. M. Der *Merced River* durchfließt den ebenen Talboden, der von senkrechten Felswänden und mächtigen, markanten Bergspitzen gesäumt wird, die ihn oft weit über 1 000 m überragen. Besonders auffallend ist der 2 695 m hohe *Half Dome* mit seiner senkrecht abgespaltenen Halbkuppel. Über die steilen Canyonwände stürzen viele Wasserfälle, von denen einige zu den höchsten der Erde zählen, zu Tal.

Die *Yosemite Falls* sind die zweithöchsten Wasserfälle der Erde. In drei Absätzen tosen sie 740 m hinab. Der 10 m breite *Upper Fall* stürzt 436 m senkrecht in die Tiefe. Ihm folgt die *Middle Cascade,* eine Wasserfalltreppe, die 206 m tief hinabrauscht. Schließlich ergießt sich der *Lower Fall* 98 m ins Tal. Nur der Angel Fall in Venezuela ist mit 972 m freiem Fall höher.

Im Mesozoikum, das vor etwa 230 Millionen Jahren begann und vor etwa 60 Millionen Jahren endete, wurden im Gebiet des heutigen Yosemite National Park mehrmals an verschiedenen Stellen und zu verschiedenen Zeiten tief unter der damaligen Erdoberfläche Granite gebildet. Vor rund 80 bis 90 Mill. Jahren begann die Anhebung der Gebirge, die in mehreren Abschnitten erfolgte. Gleichzeitig setzten Verwitterung und Erosion ein, so daß die darüberliegenden Gesteinsschichten zum großen Teil abgetragen und sogar die Granite tief eingeschnitten wurden. So besteht auch das Yosemite Valley überwiegend aus Graniten und wurde ursprünglich vom Merced River als tiefes V-Tal eingesägt. Von den steilen Hängen der Berge strömten damals zahlreiche Nebenflüsse in das Tal.

Während der Eiszeit schoben sich riesige Gletscher von den Höhen der Berge hinunter.

Der erste Gletscher füllte das Tal bis zu seinem Kamm hin aus. Die Gletscher

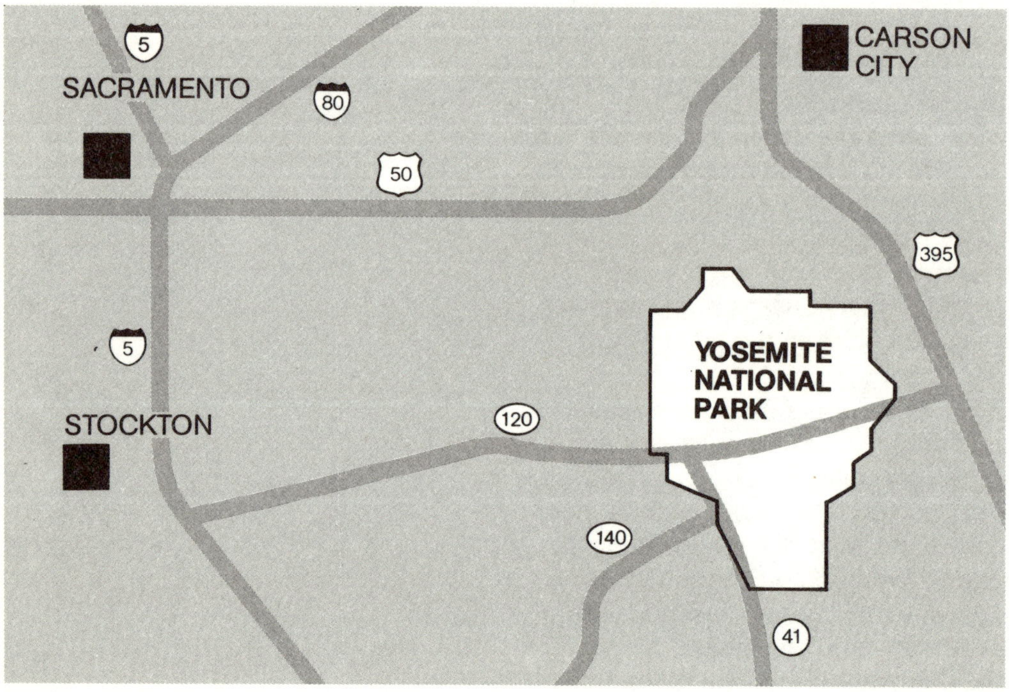

199 Die *Yosemite Falls* im Yosemite Valley sind die zweithöchsten Wasserfälle der Erde. In drei Absätzen tosen sie 740 m hinab. Der 10 m breite *Upper Fall* stürzt 436 m senkrecht in die Tiefe.

200 Bergsteiger aus aller Welt klettern in den senkrechten Felswänden des *El Capitan.*

201 Eine Spitze der *Cathedral Rocks* im Yosemite Valley.

202 Das *Yosemite Valley* ist ein klassisches Beispiel für ein von Gletschern herausgearbeitetes U-Tal. Über die steilen Cayonwände stürzen viele hohe Wasserfälle zu Tal. Im Bild der 189 m hohe *Bridalveil Fall.* Im Hintergrund erhebt sich die halbierte Kuppel des 2695 m hohen *Half Dome.*

hobelten die Wände der Felsen ab und schufen ein breites U-Tal. Jedesmal, wenn sie sich zurückzogen, hinterließen sie große Endmoränen. Der letzte Gletscher zog sich erst vor etwa 10000 Jahren zurück. Die Endmoränen bildeten natürliche Staumauern für das abfließende Wasser. Es entstand ein riesiger See, den der Merced River im Laufe der Zeit mit Geröll, Sand und Schlamm auffüllte, bis der heutige, ebene Talboden entstanden war. Von den steil abgeschliffenen Felswänden stürzten die Nebenflüsse nun abrupt als hohe Wasserfälle in das Tal. Das Yosemite Valley ist ein klassisches Beispiel für ein von Gletschern herausgearbeitetes U-Tal.

Die Granitberge, die das Yosemite Valley umgeben, zeigen häufig *Dome*, steil aufragende, rundliche Kuppeln. Die Verwitterung zur Kuppelform wird durch eine entsprechende Zerklüftung in diesem Granit begünstigt. Auch eine vertikale Spaltenbildung ist vorhanden. Sie förderte die Entstehung der halbierten Kuppel des Half Dome und auch die Bildung der steilen Canyonwände des Yosemite Valley.

Der Name *Yosemite* geht zurück auf die Miwok Indianer, die seit mehr als viereinhalbtausend Jahren das Yosemite Valley bewohnten. Als 1851 Soldaten in dieses Gebiet geschickt wurden, um die Indianer zu bekämpfen, gaben sie dem Tal den indianischen Namen *U-zu-mate,* was *»Grizzlybär«* bedeutet. Heute trägt nicht nur das Yosemite Valley diesen Namen, sondern auch der gesamte Nationalpark.

Der Yosemite National Park erstreckt sich mit seiner vielfältigen und abwechslungsreichen Landschaft in Höhen von 600 bis fast 4000 m. In den niedrigen und mittleren Zonen liegen liebliche, blumenreiche Wiesen und dichte Wälder, die von schnee- und gletscherbedeckten Bergspitzen überragt werden. Im Park wachsen über 1300 Pflanzenarten. An Baumarten überwiegen Kiefern, Weißtannen und Zedern.

In drei Hainen wachsen die Riesenmammutbäume *Giant Sequoia,* Baumriesen mit rostroter Rinde, die weit über 3000 Jahre alt werden können. Zwei kleinere Haine, der *Tuolumne Grove* und der *Merced Grove,* liegen nördlich vom Yosemite Valley, der größere *Mariposa Grove*, südlich des Tals. Im Mariposa Grove steht der *Grizzly Giant*, der größte Sequoia-Baum des Parks. Er ist 64 m hoch und hat an seiner Basis einen Durchmesser von etwa 8,50 m. Sein Alter schätzt man auf etwa 3000 Jahre. Einst stand hier auch der weltberühmte *Wawona Tree*, durch dessen gewaltigen Stamm 1881 ein Tunnel für eine Autostraße getrieben wurde. Dadurch stürzte dieser Jahrtausende alte Baumriese 1969 bei einem starken Schneefall um, weil er die Schneelast nicht mehr tragen konnte.

Über 75 Säugetierarten und 220 Vogelarten leben in diesem Naturschutzgebiet. Dickhornschafe und Murmeltiere bevölkern die höheren Gebirgsregionen, während sich Rotwild, Dachse, Kojoten und Schwarzbären in den niedrigeren Waldzonen aufhalten.

Gut ausgebaute Straßen führen zu den Sehenswürdigkeiten des Parks: Am Südeingang liegt der *Mariposa Grove,* am nördlichen Westeingang der *Tuolumne Grove* und der *Merced Grove.* Die *Tioga Road* führt in ost-westlicher Richtung mitten durch den Nationalpark und bietet Ausblicke auf die Hochgebirgslandschaft der *High Sierra.* Die *Valley Loop Road* und einige Stichstraßen erschließen das 13 km lange *Yosemite Valley* und seine vielen Schönheiten: die Wasserfälle *Yosemite Falls* (740 m), *Ribbon Fall* (491 m), *Bridalveil Fall* (189 m), *Nevada Fall* (186 m), *Vernal Fall* (100 m), *Illilouette Fall*, *Sentinel Fall* und *Silverstrand Fall* (alle über 100 m), den *Mirror Lake* (*Spiegelsee*), in dem sich besonders in den windstillen Morgen- und Abendstunden die umliegenden Berge spiegeln, und den *Half Dome.*

Als schönster Aussichtspunkt bietet *Glacier Point* (2199 m) einen weiten Blick in das *Yosemite Valley*, auf die Wasserfälle und auf die gletscherbedeckte *High Sierra.*

Während die Wasserfälle im Sommer nur wenig Wasser führen, sind sie im Frühjahr während der Schneeschmelze die Hauptattraktion des Parks.

Zion
National Park

Lage:
Im Südwesten des Bundesstaates Utah; auf dem Markagunt Plateau, einem Bruchstück des Colorado Plateau

Größe:
Rd. 590 qkm

Gründung:
Seit 1909 National Monument, seit 1919 National Park

Hauptsehenswürdigkeit:
Farbige Canyonlandschaft mit tiefen engen Schluchten, versteinerte Sanddünen

Der *Zion Canyon Scenic Drive* durchzieht den wildromantischen Canyon des *Virgin River*, eine tief eingeschnittene, enge Schlucht. Rechts und links ragen viele hundert Meter hohe schroffwandige, farbige Felswände empor. Das intensive Licht- und Schattenspiel läßt die hohen Felsdome und tiefen Schluchten in wechselnden Bildern erscheinen. Der Zion Nationalpark gilt wegen seiner unberührten, wilden Canyonlandschaft und seiner vielen versteinerten Sanddünen wegen als einer der schönsten Nationalparks der USA. Der *Zion Canyon* ist geologisch zwischen Grand Canyon und Bryce Canyon einzuordnen. Er weist die Gesteinsschichten auf, die den obersten Schichten des Grand Canyon folgen und den untersten des Bryce Canyon vorangehen. Zion zeigt also Gesteinsschichten, welche die Erosion im Grand Canyon bereits abgetragen, im Bryce Canyon dagegen noch nicht freigelegt hat. Die Ablagerungen der heute im Zion Canyon sichtbaren Gesteinsschichten begannen vor etwa 225 Mill. Jahren und endeten vor etwa 140 Mill. Jahren. Geologisch gehören sie also zum Mesozoikum. Während dieser Zeit haben hier viele klimatische und landschaftliche Wechsel stattgefunden. Das Land wurde vom Meer überschwemmt. Es war Sumpfland, als breite Flüsse es durchzogen, und wurde von mächtigen, vom Wind angewehten Sanddünen bedeckt. Die Ablagerungen bestanden aus Sand, Kies, Schlamm und kalkigem Schlick. Darüber schichteten sich weitere Erdmassen auf, die aber im Laufe der Zeit wieder abgetragen wurden. Durch ihren ungeheuren Druck und durch die Einwirkung von Bindemitteln wie Kalk, Eisen und Kieselerde verhärteten die Ablagerungen zu Sedimentgesteinen aus Kalkstein, Schiefer und Sandstein.
Im Känozoikum, das vor etwa 60 Mill. Jahren begann, wurde das gesamte Gebiet langsam angehoben, an einigen Stellen bis zu 3000 m ü.d.M. Durch den enormen Druck zerbrach das Land in verschiedene Plateaus, deren Bruchlinien zu Tälern ausgewaschen wurden. Auf einem dieser Plateaus, dem *Markagunt-Plateau,* das aus mächtigen, waagerechten Kalkstein-, Schiefer- und Sandsteinschichten aufgebaut ist, liegt der Zion National Park.
Die wilde Canyonlandschaft wurde durch den bei Hochwasser reißenden Virgin River und seine Zuflüsse geprägt. Im Laufe der Jahrmillionen frästen sie enge, bis zu 900 m tiefe Schluchten ein. Verwitterung und Erosion arbeiteten auch an der Verbreiterung der Schlucht. Regenwasser sikkert durch den *Navajo-Sandstein* der Canyonwände, löst die Bindemittel, welche die Sandkörner zusammenkitten, auf und spült darunterliegende, weichere Schichten aus, bis einzelne Felsstücke von den Canyonwänden herabstürzen. Das Einsickern des Wassers wird noch durch tiefe, senkrechte Risse im Navajo-Sandstein begünstigt, die bei der Anhebung des Landes durch den Druck entstanden waren. Der Navajo-Sandstein macht den Hauptanteil der heute sichtbaren Canyonwände aus und ist eine etwa 450 bis 600 m dicke Schicht. Sie wurde hier vor etwa 150 Mill. Jahren aus angewehtem Sand zu hohen Dünen aufgeschichtet und versteinerte im Laufe der Zeit. Heute gibt der Navajo-Sandstein

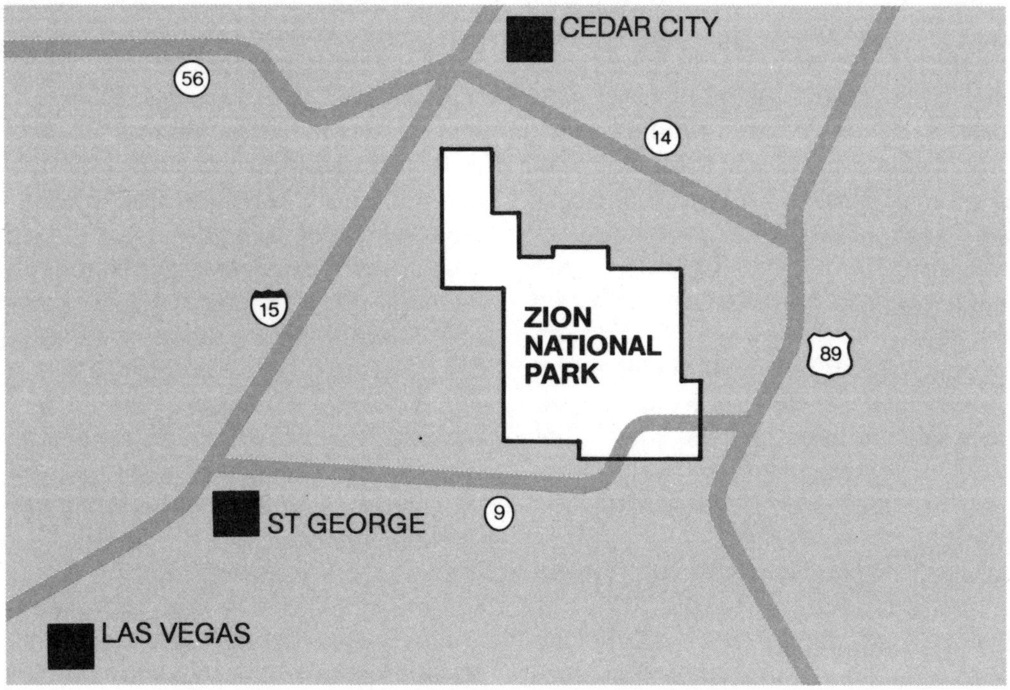

205 Bemerkenswert sind vor allem die erodierten Oberflächen der *versteinerten Sanddünen* aus Navajo Sandstein, die in geraden, kurvigen und geschwungenen Linien feine Reliefs bilden. Besonders zahlreich sind sie östlich des Zion Mount Carmel Tunnels.

206 Blick von Angels Landing auf *The Organ.* Die wilde, farbige Canyonlandschaft aus Navajo-Sandstein wurde durch den bei Hochwasser reißenden *Virgin River* geprägt.

208 Eine geologische Rarität ist *Checkerboard Mesa*, eine etwa 150 Mill. Jahre alte, versteinerte Sanddüne mit ausgeprägter geometrischer Kreuzschichtung.

dem Zion National Park sein eindrucksvolles Landschaftsbild in Formen und Farben. Bemerkenswert sind vor allem die erodierten Oberflächen der versteinerten Sanddünen, die in geraden, kurvigen und geschwungenen Linien feine Reliefs bilden.

In den unterschiedlichen Klimazonen des Nationalparks leben eine artenreiche Flora und Fauna.

Am Boden der Canyons wachsen überwiegend Holunder, Weiden, Eschen und amerikanische Pappeln, im halbtrockenen Klima der Hänge verkümmerte Bäumchen und Büsche von Wacholder und Eichen. Im gemäßigten Klima auf dem Plateau stehen Espen, Ponderosakiefern, Weißtannen und Douglastannen.

Anfang Mai blühen Veilchen, Orchideen und Lilien. Ende Mai bis Anfang Juni tragen die vielen Kakteenarten ihre herrlichen Blüten. Im späten Sommer sieht man Felder von Astern und Sonnenblumen, und der Herbst färbt die Blätter der Bäume leuchtend gelb. Eine ausgefallene Blume ist die *Zion moonflower,* die im Canyon wächst. Sie wird über einen halben Meter hoch und hat eine große, weiße, trompetenartige Blüte, die sich nur nachts öffnet. Rotwild, der seltene Puma, Luchse, Füchse, Stinktiere, Schlangen, Geckos, Salamander und Baumfrösche sind nur einige der vielen Tierarten. Mehr als 240 Vogelarten bevölkern den Park. Von typischen Wüstenbewohnern, z. B. der *Gambel*, der *Kalifornischen Schopfwachtel* bis zu Vögeln, die Wasserregionen bevorzugen, z. B. dem *großen blauen Reiher*, reicht ihre Vielfalt.

Die frühen Indianerkulturen der Anasazi und später der Paiute hinterließen ihre Spuren. Als 1858 die Mormonen in die Schlucht kamen, gaben sie den markanten Felsformationen biblische Namen. *Zion* ist der Name des Tempelberges von Jerusalem.

Im Nordwesten des Nationalparks liegt die wenig erschlossene *Kolob Canyons Section.*

Die Hauptsehenswürdigkeiten befinden sich im südöstlichen Teil des Parks in der *Zion Canyon Section* (1200 m bis über 2000 m ü. d. M.). Der *Zion Canyon Scenic Drive*, eine ausblickreiche, etwa 10 km lange Fahrstraße führt in das tiefeingesägte Tal des *Virgin River* und zu den großartigen Felsformationen des Nationalparks, z. B. zum *Great White Throne*, einem ebenmäßigen Monolithen, der an seinem Fuß tiefrot, weiter aufwärts blaßrosa und an seiner Spitze grauweiß gefärbt ist, und zu *Altar* und *Pulpit*, die inmitten des riesigen Felsenhalbkreises *Temple of Sinawava* aufragen. Von hier aus führt der *Narrows Trail*, ein leichter, zweistündiger Wanderweg (3 km) den Virgin River aufwärts durch seine schmale, oft nur 15 m breite, aber bis zu 600 m tiefe Schlucht, die *Narrows of Virgin River.* Eine zweite, 18 km lange, kurvenreiche Bergstraße, der *Zion Mount Carmel Highway,* zweigt vom Zion Canyon Scenic Drive nach Osten ab und führt durch den *Zion Mount Carmel Tunnel.* Von der Bergstraße bieten sich prächtige Ausblicke in die Schlucht.

Im Gebiet östlich des Tunnels haben sich sehenswerte, vielfältige Erosionsformen in der Oberfläche des Navajo-Sandsteins gebildet. Die manchmal eigentümlich anmutenden Felsformationen nennt man *hoodoos, Unglücksbringer.* Auf ihrem plumpen Stumpf ruht in der Form eines flachen Deckels eine härtere, schützende Gesteinsschicht, die einen hohen Eisengehalt hat. Feine Erosionsreliefs versteinerter Sanddünen sind hier besonders zahlreich.

Ein geologischer Höhepunkt ist *Checkerboard Mesa*, eine etwa 150 Mill. Jahre alte, versteinerte Sanddüne. Ihre Oberfläche zeigt eine ausgeprägte geometrische Kreuzschichtung. Die waagerechten Linien folgen den originalen Lagerungen der Sanddüne. Die senkrechten Linien sind entweder Risse, die durch den Druck bei der Anhebung des Landes entstanden, oder, wie andere Fachleute meinen, nur wenig tiefreichende Risse, die durch Oberflächenverwitterung verursacht werden.

Wenn die Sonne über die Oberflächen der versteinerten Sanddünen streicht, erscheinen die Reliefs besonders kontrastreich.